Kleine Formelsammlung
PHYSIK

2., verbesserte Auflage

Mit 56 Bildern

Fachbuchverlag Leipzig
im Carl Hanser Verlag

Die Deutsche Bibliothek – CIP-Einheitsaufnahme

Heinemann, Hilmar:
Kleine Formelsammlung Physik / [Hilmar Heinemann ; Heinz Krämer
; Hellmut Zimmer]. - 2., verb. Aufl. - München ; Wien :
Fachbuchverl. Leipzig im Carl-Hanser-Verl., 1997

   ISBN 3-446-19279-4

Fachbuchverlag Leipzig
im Carl Hanser Verlag

© 1997 Carl Hanser Verlag München Wien
http://www.fachbuch-leipzig.hanser.de

Druck und Bindung: Druckhaus „Thomas Müntzer" GmbH, Bad Langensalza
Printed in Germany

VORWORT

Die vorliegende „Kleine Formelsammlung" enthält die wichtigsten Formeln ausgewählter Stoffgebiete der Physik, die beim Studium der Ingenieur- oder Naturwissenschaften an Fachhochschulen und Universitäten sowie bei der Lösung physikalischer Probleme in der Praxis benötigt werden.

Diese Sammlung dient zum *Nachschlagen* bei Klausuren, zur *Unterstützung* beim Lösen physikalischer Übungsaufgaben im Grundstudium, zur *Auffrischung* von physikalischen Kenntnissen und zur *Erweiterung* des Überblicks bei der Prüfungsvorbereitung, beim Literaturstudium sowie bei der Bewältigung ingenieurtechnischer Aufgaben. Demzufolge ist sie vor allem für Studenten im Grundstudium mit Physik als Nebenfach sowie für Studenten des Lehramtes Physik gedacht.

Sie gibt aber auch Lehrern und Schülern der Abiturstufe einen Überblick über die grundlegenden Formeln in der Physik und Hilfe bei physikalischen Aufgabenstellungen.

Zu den Formeln sind die auftretenden *Formelzeichen* erläutert und werden Hinweise zur Verhütung von Mißverständnissen gegeben. Dadurch dürfte diese „Kleine Formelsammlung Physik" nach den Erfahrungen der Autoren im wesentlichen direkt – ohne langes Lesen von Lehrbuchkapiteln – verständlich sein.

Hinweise und Anregungen nehmen die Autoren mit Dank entgegen.

Hilmar Heinemann
Heinz Krämer
Hellmut Zimmer

INHALTSVERZEICHNIS

THERMODYNAMIK T

GASKINETIK G

ELEKTRIZITÄT UND MAGNETISMUS E

STRAHLENOPTIK O

WELLENOPTIK O

ALLGEMEINE GRUNDLAGEN

1 Physikalische Größen und Internationales Einheitensystem (SI)

Physikalische Größe

Eine physikalische Größe A wird durch ihren **Zahlenwert** $\{A\}$ und ihre **Einheit** $[A]$ gekennzeichnet:

$$A = \{A\} \cdot [A]$$

Basisgrößen, Basiseinheiten

Dem SI liegen sieben Basiseinheiten zugrunde:

Basisgrößen	Basiseinheiten
Länge l	Meter m
Masse m	Kilogramm kg
Zeit t	Sekunde s
Stromstärke I	Ampere A
Temperatur T	Kelvin K
Stoffmenge n	Mol mol
Lichtstärke I_v	Candela cd

Definition der Basiseinheiten

Das **Meter**: 1m ist die Länge der Strecke, die Licht im Vakuum während der Dauer von 1/299 792 458 s durchläuft.

Das **Kilogramm**: 1kg ist die Masse des Internationalen Kilogrammprototyps.

Die **Sekunde**: 1 s ist die Dauer von 9 192 631 770 Perioden der Strahlung des Atoms Caesium 133.

Das **Ampere**: 1 A ist die Stärke eines konstanten elektrischen Stromes durch zwei parallele Leiter, die den Abstand 1m haben und zwischen denen je Leiterlänge von 1 m die durch den Strom hervorgerufene Kraft im Vakuum $2 \cdot 10^{-7}$N beträgt.

Das **Kelvin**: 1 K ist der 273,16te Teil der thermodynamischen Temperatur des Tripelpunktes von Wasser.

Das **Mol**: 1 mol ist die Stoffmenge eines Systems, das aus so vielen gleichartigen elementaren Teilchen besteht, wie Atome in 0,012 kg des Kohlenstoffs 12 enthalten sind.

Die **Candela**: 1 cd ist die Lichtstärke in einer bestimmten Richtung einer Strahlungsquelle, die monochromatische Strahlung der Frequenz $540 \cdot 10^{12}$ Hz aussendet und deren Strahlstärke in dieser Richtung 1/683 W/sr beträgt.

Hinweis zur Temperatureinheit:

Die spezielle Temperaturdifferenz

$$\boxed{\vartheta = T - T_0} \qquad (T_0 = 273,15 \,\text{K})$$

wird als **Celsius-Temperatur** bezeichnet und in Grad Celsius (°C) angegeben. Die Skala der Celsius-Temperatur hat den Eispunkt als Nullpunkt; Werte oberhalb 0 °C werden mit +, solche unterhalb 0 °C mit − gekennzeichnet. Es gilt die Umrechnung

$$T = n\text{K} \mathrel{\hat=} \vartheta = (n - 273,15)\,°\text{C}.$$

Die Temperaturskala und die Celsius-Temperaturskala haben gleiche Skalenteilung.

Kelvin (K) ist sowohl Einheit für die **Temperatur** als auch für **Temperaturbereiche** (Temperaturdifferenzen).

$$[T] = \text{K} \qquad \text{und} \qquad [\Delta T] = [\Delta \vartheta] = \text{K}$$

Die eindeutige Angabe einer Temperatur in Kelvin ist ohne erläuternde Angabe nicht möglich. Ein zusätzlicher Wortbegriff klärt erst, ob es sich um eine Temperatur oder eine Temperaturdifferenz handelt.

Abgeleitete Größen und Einheiten

Abgeleitete Größen stehen mit den Basisgrößen durch physikalische Gesetze (Gleichungen) in eindeutigem Zusammenhang. Einheiten abgeleiteter Größen werden aus den Basiseinheiten mit

Hilfe der entsprechenden physikalischen Zusammenhänge gebildet.

Die **Dimension** einer abgeleiteten Größe abstrahiert von speziellen Einheiten und wird als Produkt von Potenzen der Basisgrößen dargestellt:

Größe	Dimension	SI-Einheit
Kraft F	$[m] \cdot [l] \cdot [t]^{-2}$	$N = kg \cdot m \cdot s^{-2}$
Arbeit W	$[m] \cdot [l]^2 \cdot [t]^{-2}$	$J = N \cdot m = kg \cdot m^2 \cdot s^{-2}$
Leistung P	$[m] \cdot [l]^2 \cdot [t]^{-3}$	$W = J/s = kg \cdot m^2 \cdot s^{-3}$
Druck p	$[m] \cdot [l]^{-1} \cdot [t]^{-2}$	$Pa = N/m^2 = kg \cdot m^{-1} \cdot s^{-2}$
Frequenz f	$[t]^{-1}$	$Hz = s^{-1}$
el. Spannung U	$[m] \cdot [l]^2 \cdot [t]^{-2} \cdot [I]^{-1}$	$V = W/A = kg \cdot m^2 \cdot s^{-3} \cdot A^{-1}$
el. Widerstand R	$[m] \cdot [l]^2 \cdot [t]^{-3} \cdot [I]^{-2}$	$\Omega = V/A = kg \cdot m^2 \cdot s^{-3} \cdot A^{-2}$
el. Leitwert G	$[m]^{-1} \cdot [l]^{-2} \cdot [t]^3 \cdot [I]^2$	$S = 1/\Omega = kg^{-1} \cdot m^{-2} \cdot s^3 \cdot A^2$
el. Ladung Q	$[I] \cdot [t]$	$C = A \cdot s$
el. Kapazität C	$[m]^{-1} \cdot [l]^{-2} \cdot [t]^4 \cdot [I]^2$	$F = C/V = kg^{-1} \cdot m^{-2} \cdot s^4 \cdot A^2$
magn. Fluß Φ	$[m] \cdot [l]^2 \cdot [t]^{-2} \cdot [I]^{-1}$	$Wb = V \cdot s = kg \cdot m^2 \cdot s^{-2} \cdot A^{-1}$
magn. Flußdichte B	$[m] \cdot [t]^{-2} \cdot [I]^{-1}$	$T = Wb/m^2 = kg \cdot s^{-2} \cdot A^{-1}$
Induktivität L	$[m] \cdot [l]^2 \cdot [t]^{-2} \cdot [I]^{-2}$	$H = Wb/A = kg \cdot m^2 \cdot s^{-2} \cdot A^{-2}$
ebener Winkel φ	$[l] \cdot [l]^{-1}$	$rad = m/m$
Raumwinkel Ω	$[l]^2 \cdot [l]^{-2}$	$sr = m^2/m^2$
Energiedosis D	$[l]^2 \cdot [t]^{-2}$	$Gy = J/kg = m^2 \cdot s^{-2}$
Äquivalentdosis H	$[l]^2 \cdot [t]^{-2}$	$Sv = J/kg = m^2 \cdot s^{-2}$
Aktivität A	$[t]^{-1}$	$Bq = s^{-1}$
Lichtstrom Φ	$[l]^2 \cdot [l]^{-2} \cdot [I_v]$	$lm = cd \cdot sr$
Beleuchtungsstärke E	$[l]^2 \cdot [l]^{-4} \cdot [I_v]$	$lx = lm/m^2 = cd \cdot sr/m^2$
Brechwert D	$[l]^{-1}$	$dpt = m^{-1}$

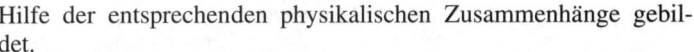

Umrechnung von SI-fremden Einheiten

$1\ kp = 9,80665\ N$

$1\ atm = 101\,325\ Pa$

$1\ at = 98\,066,5\ Pa$

$1\ bar = 10^5\ Pa$

$1\ Torr = 133,3\ Pa$

$1\ mmWs = 9,806\,65\ Pa$

$1\ P = 0,1\ Pa \cdot s$

$1\ St = 10^{-4}\ m^2/s$

$1\ Oe = (10^3/4\pi)\ A/m$

$1\ ^{\circ}F = (5/9)\ K$

$1\ sb = 10^4\ cd/m^2$

$1\ rd = 10^{-2}\ Gy$

$1\ Ci = 3,7 \cdot 10^{10}\ Bq$

$1\ R = 258 \cdot 10^{-6}\ C/kg$

$1\ cal = 4,186\,8\ J$

$1\ eV = 1,602\,177\,3 \cdot 10^{-19}\ J$

$1\ PS = 735,5\ W$

$1\ u = 1,660\,540 \cdot 10^{-27}\ kg$

$1\ G = 10^{-4}\ T$

$1\ \mathring{A} = 10^{-10}\ m$

$1\ mile = 1\,609,344\ m$

$1\ sm = 1\,852\ m$

$1\ kn = 1\ sm/h = 0,514\,4\ m/s$

$1\ ly = 9,460\,5 \cdot 10^{15}\ m$

Vorsätze der Einheiten

Yocto	$y = 10^{-24}$		Deka	$da = 10$
Zepto	$z = 10^{-21}$		Hekto	$h = 10^2$
Atto	$a = 10^{-18}$		Kilo	$k = 10^3$
Femto	$f = 10^{-15}$		Mega	$M = 10^6$
Piko	$p = 10^{-12}$		Giga	$G = 10^9$
Nano	$n = 10^{-9}$		Tera	$T = 10^{12}$
Mikro	$\mu = 10^{-6}$		Peta	$P = 10^{15}$
Milli	$m = 10^{-3}$		Exa	$E = 10^{18}$
Zenti	$c = 10^{-2}$		Zetta	$Z = 10^{21}$
Dezi	$d = 10^{-1}$		Yotta	$Y = 10^{24}$

2   Physikalische Konstanten

A

Gravitationskonstante	$G = 6,672\,6 \cdot 10^{-11} \mathrm{m}^3/(\mathrm{kg} \cdot \mathrm{s}^2)$
Normfallbeschleunigung	$g = 9,806\,65\,\mathrm{m/s}^2$
Mittlerer Erdradius	$r_\mathrm{E} = 6\,370\,\mathrm{km}$
Mittlerer Sterntag	$d^* = 86\,164\,\mathrm{s}$
Erdmasse	$m_\mathrm{E} = 5,975 \cdot 10^{24}\,\mathrm{kg}$
Mittlerer Erdbahnradius	$r_0 = 1,496 \cdot 10^8\,\mathrm{km}$
Sonnenmasse	$m_\mathrm{S} = 1,989 \cdot 10^{30}\,\mathrm{kg}$

Atommassenkonstante	$m_\mathrm{u} = 1,660\,54 \cdot 10^{-27}\,\mathrm{kg}$
Avogadro-Konstante	$N_\mathrm{A} = 6,022\,137 \cdot 10^{26}/\mathrm{kmol}$
	$N_\mathrm{A}' = 6,022\,137 \cdot 10^{26}/(M_\mathrm{r} \cdot \mathrm{kg})$
Bezugssehweite	$S = 25\,\mathrm{cm}$
Bohrsches Magneton	$\mu_\mathrm{B} = 9,274\,015 \cdot 10^{-24}\,\mathrm{A} \cdot \mathrm{m}^2$
Boltzmann-Konstante	$k = 1,380\,66 \cdot 10^{-23}\,\mathrm{J/K}$
Compton-Wellenlänge	$\lambda_\mathrm{C} = 2,426\,310\,6 \cdot 10^{-12}\,\mathrm{m}$
Elektrische Feldkonstante	$\varepsilon_0 = 8,854\,187\,817 \cdot 10^{-12}\,\mathrm{A} \cdot \mathrm{s}/(\mathrm{V} \cdot \mathrm{m})$
Elementarladung	$e = 1,602\,177\,3 \cdot 10^{-19}\,\mathrm{C}$
Faraday-Konstante	$F = 9,648\,530\,9 \cdot 10^7\,\mathrm{C} \cdot \mathrm{kmol}^{-1}$
Gaskonstante	$R = 8\,314,51\,\mathrm{J}/(\mathrm{kmol} \cdot \mathrm{K})$
	$R' = 8\,314,51\,\mathrm{J}/(M_\mathrm{r}\,\mathrm{kg} \cdot \mathrm{K})$
Lichtgeschwindigkeit (Vakuum)	$c = 299\,792\,458\,\mathrm{m/s}$
Magnetische Feldkonstante	$\mu_0 = 4\pi \cdot 10^{-7}\,\mathrm{V} \cdot \mathrm{s}/(\mathrm{A} \cdot \mathrm{m})$
Nukleonenradius	$r_0 = 1,2 \cdot 10^{-15}\,\mathrm{m}$
Plancksches Wirkungsquantum	$h = 6,626\,076 \cdot 10^{-34}\,\mathrm{J} \cdot \mathrm{s}$
Ruhenergie des Elektrons	$m_\mathrm{e} \cdot c^2 = 0,510\,999\,1\,\mathrm{MeV}$
Ruhmasse des Elektrons	$m_\mathrm{e} = 9,109\,390 \cdot 10^{-31}\,\mathrm{kg}$
	$= 5,485\,799\,0 \cdot 10^{-4}\,\mathrm{u}$
Ruhmasse des Neutrons	$m_\mathrm{n} = 1,674\,929 \cdot 10^{-27}\,\mathrm{kg}$
	$= 1,008\,664\,90\,\mathrm{u}$
Ruhmasse des Protons	$m_\mathrm{p} = 1,672\,623 \cdot 10^{-27}\,\mathrm{kg}$
	$= 1,007\,276\,47\,\mathrm{u}$
Rydberg-Frequenz	$R = 3,289\,841\,950 \cdot 10^{15}\,\mathrm{s}^{-1}$
Spezifische Elektronenladung	$e/m_\mathrm{e} = 1,758\,819\,6 \cdot 10^{11}\,\mathrm{C/kg}$

3   Meß- und Beobachtungsfehler

Fehlerabschätzung

Meßwerte haben Genauigkeitsgrenzen. Die letzte Stelle eines
Meßwertes ist gerundet. Die Unsicherheit der gemessenen Größe
beträgt also maximal die Hälfte der Einheit der letzten Stelle, und
zwar sowohl nach oben als auch nach unten. Gehen Meßwerte in
eine Rechnung ein, so bedingen sie auch eine Unsicherheit des Er-
gebnisses. Deshalb darf das Ergebnis nur mit der gleichen Anzahl
von Stellen angegeben werden wie die Ausgangswerte. Haben
diese unterschiedliche Stellenzahlen, so soll das Ergebnis nur so
viele Stellen enthalten wie der Ausgangswert mit der geringsten
Stellenzahl. (Bei Feststellung der Stellenzahl bleiben das Komma
und die Nullen vor der Ziffernfolge unberücksichtigt.)

Will man genauere Informationen über die Unsicherheit des Er-
gebnisses haben, so kann man den „Fehler" abschätzen. Dazu
wird das totale Differential benutzt.

$f(x, y, \ldots)$ und der **absolute Fehler** Δf sind zu berechnen. Die
absoluten Fehler von x und y sind Δx und Δy. Das totale Differential von $f(x, y, \ldots)$ ist

$$\mathrm{d}f = \frac{\partial f}{\partial x}\mathrm{d}x + \frac{\partial f}{\partial y}\mathrm{d}y + \ldots$$

Bei der Fehlerbetrachtung gelten die Näherungen

$$\mathrm{d}x \approx \Delta x, \qquad \mathrm{d}y \approx \Delta y, \qquad \mathrm{d}f \approx \Delta f.$$

Damit folgt

$$\Delta f = \frac{\partial f}{\partial x}\Delta x + \frac{\partial f}{\partial y}\Delta y + \ldots$$

Um den maximalen Fehler zu erfassen, werden nur die Beträge
berücksichtigt, und man erhält

$$\boxed{|\Delta f| = \left|\frac{\partial f}{\partial x}\right||\Delta x| + \left|\frac{\partial f}{\partial y}\right||\Delta y| + \ldots}$$

A

Unter Berücksichtigung des abgeschätzten absoluten Fehlers heißt das Ergebnis

$$f = \bar{f} + \Delta f$$

$\bar{f} = f(\bar{x}, \bar{y}, \ldots);$ $\bar{x}, \bar{y}, \ldots$ Meßwerte (Mittelwerte);
$\Delta f = \pm|\Delta f|$
Der **relative Fehler** von $f(x, y, \ldots)$ ist

$$\delta = \frac{|\Delta f|}{\bar{f}}$$

Diesen erhält man auch, wenn man $f(x, y, \ldots)$ logarithmiert, also $\ln f(x, y, \ldots)$ bildet, und anschließend differenziert, so daß man $\dfrac{df}{f}$ und schließlich $\dfrac{|\Delta f|}{\bar{f}}$ erhält.

Fehlerausgleich

Durch Mittelwertbildung über mehrere Meßwerte x_i der gleichen Meßgröße x läßt sich der Einfluß **zufälliger Meßfehler** verringern. **Systematische Fehler** bleiben davon unberührt.
Der wahrscheinlichste Wert von x ist der Mittelwert

$$\bar{x} = \frac{1}{n} \sum_{i=1}^{n} x_i$$

mit n als Anzahl der Messungen.
Als **Standardabweichung** δx des Mittelwertes $\bar{x}$ vom wahren Wert x der Meßgröße bezeichnet man die Größe

$$\delta x = \sqrt{\frac{1}{n} \sum_{i=1}^{n} (x_i - \bar{x})^2}$$

4   Koordinaten und Vektoren

Raumkoordinaten

Die Lage eines Punktes im Raum kann sowohl durch a) *kartesische Koordinaten* x, y, z als auch durch b) *Kugelkoordinaten* r, φ, ϑ beschrieben werden.

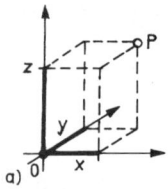 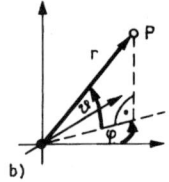

Wertebereich

$$-\infty < x < +\infty \qquad\qquad 0 < r < \infty$$
$$-\infty < y < +\infty \qquad\qquad 0 < \varphi < 2\pi$$
$$-\infty < z < +\infty \qquad\qquad -\pi/2 < \vartheta < +\pi/2$$

Koordinatenumrechnung

$$
\begin{array}{ll}
x = r\cos\varphi\cos\vartheta & r = \sqrt{x^2 + y^2 + z^2} \\[4pt]
y = r\sin\varphi\sin\vartheta & \varphi = \arctan(y/x) \\[4pt]
z = r\sin\vartheta & \vartheta = \arctan\left(z/\sqrt{x^2 + y^2}\right)
\end{array}
$$

Ebene Koordinaten

Die Beschreibung der Lage eines Punktes in der Ebene ist als Sonderfall $z = 0$ bzw. $\vartheta = 0$ ($\Rightarrow$ *Polarkoordinaten* r, φ) enthalten:

$$
\begin{array}{ll}
x = r\cos\varphi & r = \sqrt{x^2 + y^2} \\[4pt]
y = r\sin\varphi & \varphi = \arctan(y/x)
\end{array}
$$

Mehrdeutigkeit der arctan-Funktion

Der Taschenrechner liefert von der arctan-Funktion den *Hauptwert* Φ, der zwischen $-\pi/2$ und $+\pi/2$ festgelegt ist. Um den wirkli-

A

chen Winkel φ (zwischen 0 und 2π) zu ermitteln, müssen die Vorzeichen von x und y mit herangezogen werden.

Umrechnungstabelle:

Quadrant		I	II	III	IV
Vorzeichen	x	$+$	$-$	$-$	$+$
von	y	$+$	$+$	$-$	$-$
	φ	Φ	$\Phi + \pi$		$\Phi + 2\pi$
Wertebereich	Φ	$0\ldots\pi/2$	$-\pi/2\ldots 0$	$0\ldots\pi/2$	$-\pi/2\ldots 0$
von	φ	$0\ldots\pi/2$	$\pi/2\ldots\pi$	$\pi\ldots 3\pi/2$	$3\pi/2\ldots 2\pi$

Ortsvektor

Der Ortsvektor (Symbol $\vec{r}$) beschreibt die Lage eines Punktes im Raum, bezogen auf den Koordinatenursprung.

Darstellung von $\vec{r}$ durch

   Koordinaten x, y, z
   Betrag $r = |\vec{r}|$ und Richtung φ, ϑ
   Komponenten $x\vec{e}_x$; $y\vec{e}_y$; $z\vec{e}_z$

$\vec{e}_x, \vec{e}_y, \vec{e}_z$ sind **Einheitsvektoren** in Richtung der Koordinatenachsen. Einheitsvektoren sind stets dimensionslos:

$$|\vec{e}_x| = |\vec{e}_y| = |\vec{e}_z| = 1$$

Die Komponenten $x\vec{e}_x, y\vec{e}_y, z\vec{e}_z$ sind Vektoren, deren Richtung durch den Einheitsvektor und deren Betrag durch die Koordinate bestimmt ist.

Skalarprodukt (Punktprodukt)

$$A = \vec{r}_1 \cdot \vec{r}_2$$

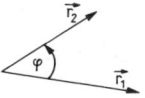

Das Ergebnis ist ein Skalar, der wie folgt definiert ist:

$$A = r_1 r_2 \cos\varphi$$

Berechnung aus den Koordinaten

$$A = x_1x_2 + y_1y_2 + z_1z_2$$

Vektorprodukt (Kreuzprodukt)

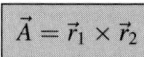

Das Ergebnis ist ein Vektor, der wie folgt definiert ist:

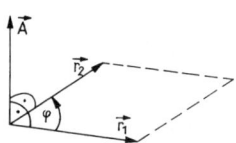

$A = r_1r_2 \sin\varphi$
= von $\vec{r}_1$, $\vec{r}_2$ aufgespannte Parallelogrammfläche,

$\vec{A} \perp \vec{r}_1, \vec{r}_2$
$\vec{r}_1, \vec{r}_2, \vec{A}$ bilden in der angegebenen Reihenfolge ein *Rechtssystem* (s. u.).

Berechnung in kartesischen Koordinaten

$$\vec{A} = (y_1z_2 - z_1y_2)\vec{e}_x + (z_1x_2 - x_1z_2)\vec{e}_y + (x_1y_2 - y_1x_2)\vec{e}_z$$

Rechtssystem und Rechtsschraubenregel

Rechtssystem   Linkssystem

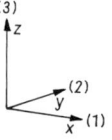   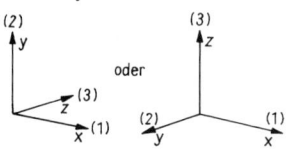

Die Unterscheidung bezieht sich auf die festgelegte Reihenfolge der Achsen (bzw. der Vektoren).

Feststellung mit Hilfe der *Rechtsschraubenregel*
–   (1) wird bis zum Zusammenfallen mit (2) gedreht (Schwenkwinkel dabei kleiner als 180°)
–   (3) wird als die Vorschubrichtung einer sich entsprechend drehenden Schraube angesehen:

A

    Rechtsschraube – Rechtssystem
    Linksschraube – Linkssystem

Darstellung der Rechtsschraube mit Hilfe der rechten Hand

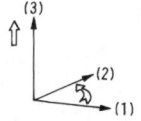 

MECHANIK

5   Kinematik

Ort-Zeit-Funktion einer Punktmasse

Ortsvektor

$$\vec{r} = \vec{r}(t)$$

Koordinaten

$$x = x(t)$$
$$y = y(t)$$
$$z = z(t)$$

Geschwindigkeit

Geschwindigkeitsvektor

$$\vec{v} = \frac{\mathrm{d}\vec{r}}{\mathrm{d}t}$$

Koordinaten

$$v_x = \frac{\mathrm{d}x}{\mathrm{d}t} = \dot{x}$$

$$v_y = \frac{\mathrm{d}y}{\mathrm{d}t} = \dot{y}$$

$$v_z = \frac{\mathrm{d}z}{\mathrm{d}t} = \dot{z}$$

Mittlere Geschwindigkeit während des Zeitintervalls Δt

$$\bar{\vec{v}} = \frac{\Delta \vec{r}}{\Delta t} = \frac{\vec{r}_2 - \vec{r}_1}{t_2 - t_1}$$

Berechnung des Ortes

Vektordarstellung

$$\vec{r}(t) = \int\limits_{t_0}^{t} \vec{v}(t')\mathrm{d}t' + \vec{r}(t_0)$$

M

$\vec{v}(t')$ vorgegebene Geschwindigkeit-Zeit-Funktion
(Die Umbenennung von t in t' ist erforderlich, damit die Integrationsvariable von der Integrationsgrenze unterschieden werden kann.)

$\vec{r}(t_0)$ Anfangsort zur Zeit t_0, der unabhängig von $v(t')$ festgelegt werden kann
Häufig getroffene Festlegung: $t_0 = 0$, $\vec{r}(t_0) = \vec{r}_0$

Koordinatendarstellung mit $t_0 = 0$

$$x(t) = \int\limits_{0}^{t} v_x(t')\mathrm{d}t' + x_0$$

$$y(t) = \int\limits_{0}^{t} v_y(t')\mathrm{d}t' + y_0$$

$$z(t) = \int\limits_{0}^{t} v_z(t')\mathrm{d}t' + z_0$$

Beschleunigung

Beschleunigungsvektor

$$\vec{a} = \frac{\mathrm{d}\vec{v}}{\mathrm{d}t}$$

Koordinaten

$$a_x = \frac{\mathrm{d}v_x}{\mathrm{d}t} = \dot{v}_x = \ddot{x}$$

$$a_y = \frac{\mathrm{d}v_y}{\mathrm{d}t} = \dot{v}_y = \ddot{y}$$

$$a_z = \frac{\mathrm{d}v_z}{\mathrm{d}t} = \dot{v}_z = \ddot{z}$$

Mittlere Beschleunigung im Zeitintervall Δt

$$\vec{\bar{a}} = \frac{\Delta \vec{v}}{\Delta t} = \frac{\vec{v}_2 - \vec{v}_1}{t_2 - t_1}$$

Berechnung der Geschwindigkeit

Vektordarstellung

$$\vec{v}(t) = \int\limits_{t_0}^{t} \vec{a}(t')\mathrm{d}t' + \vec{v}(t_0)$$

$\vec{a}(t')$ vorgegebene Beschleunigung-Zeit-Funktion
$\vec{v}(t_0)$ Anfangsgeschwindigkeit zur Zeit t_0
        Häufig getroffene Festlegung: $t_0 = 0$, $\vec{v}(t_0) = \vec{v}_0$

Koordinatendarstellung mit $t_0 = 0$

$$v_x(t) = \int\limits_{0}^{t} a_x(t')\,\mathrm{d}t' + v_{x0}$$

$$v_y(t) = \int\limits_{0}^{t} a_y(t')\,\mathrm{d}t' + v_{y0}$$

$$v_z(t) = \int\limits_{0}^{t} a_z(t')\,\mathrm{d}t' + v_{z0}$$

Bewegung auf der Geraden

Gleichmäßig beschleunigte Bewegung ($a_x = $ const)

$$x = \frac{a_x}{2}t^2 + v_{x0}t + x_0$$

$$v_x = a_x t + v_{x0}$$

M

v_{x0} Anfangsgeschwindigkeit $v_{x0} = v_x(0)$
x_0 Anfangsort $x_0 = x(0)$

Durch die freie Wählbarkeit von x_0 und v_{x0} kann mit den angegebenen Formeln jede gleichmäßig beschleunigte Bewegung beschrieben werden.

Gleichförmige Bewegung (Sonderfall: $a_x = 0$)

$$x = v_{x0}t + x_0$$

$$v_x = v_{x0} = \text{const}$$

v_{x0} Anfangsgeschwindigkeit $v_{x0} = v_x(0)$
x_0 Anfangsort $x_0 = x(0)$

Freier Fall (Sonderfall: $a_x = g$)
Zusätzliche Bedingungen: $v_{x0} = 0$; $x_0 = 0$; die x-Achse ist nach unten gerichtet ($a_x > 0$)

$$x = \frac{g}{2}t^2 = \frac{v_x^2}{2g}$$

$$v_x = gt = \sqrt{2gx}$$

Senkrechter Wurf nach oben (Sonderfall: $a_x = -g$)
Zusätzliche Bedingungen: die x-Achse ist nach oben gerichtet ($a_x < 0$);
Bewegung startet nach oben ($v_{x0} > 0$)

$$x = v_{x0}t - \frac{g}{2}t^2 = \frac{v_{x0}^2 - v_x^2}{2g}$$

$$v_x = v_{x0} - gt = \pm\sqrt{v_{x0}^2 - 2gx}$$

Ungleichmäßig beschleunigte Bewegung

Harmonische Schwingung (Sonderfall)

$$x = x_{\mathrm{m}} \cos\left(\omega_0 t + \alpha\right)$$
$$v_x = -x_{\mathrm{m}}\omega_0 \sin\left(\omega_0 t + \alpha\right)$$
$$a_x = -x_{\mathrm{m}}\omega_0^2 \cos\left(\omega_0 t + \alpha\right)$$

x Elongation
x_{m} Amplitude (maximale Elongation)
$x_{\mathrm{m}}\omega_0$ Amplitude der Geschwindigkeit (maximale Geschwindigkeit)
$x_{\mathrm{m}}\omega_0^2$ Amplitude der Beschleunigung (maximale Beschleunigung)
α Nullphasenwinkel
ω_0 Kreisfrequenz der Schwingung; $\omega_0 = 2\pi f_0$
f_0 Frequenz; $f_0 = 1/T_0$
T_0 Periodendauer

Bewegung in der Ebene

Schräger Wurf (Sonderfall: $a_x = 0$; $a_y = -g$)
Zusätzliche Bedingungen: x-Achse in horizontaler Richtung;
                            y-Achse vertikal nach oben gerichtet
                            $x_0 = 0$; $v_{x0} = v_0 \cos\alpha_0$;
                            $y_0 = h$; $v_{y0} = v_0 \sin\alpha_0$
v_0 Betrag der Abwurfgeschwindigkeit
α_0 Abwurfwinkel gegenüber der Horizontalen
h Abwurfhöhe

Ort-Zeit-Funktionen

$$x = v_0 \cos\alpha_0 t$$
$$y = v_0 \sin\alpha_0 t - \frac{g}{2}t^2 + h$$

gleichförmige Bewegung in x-Richtung
gleichmäßig beschleunigte Bewegung in y-Richtung

Bahngleichung

$$y = -\frac{g}{2v_0^2 \cos^2\alpha_0}x^2 + x\tan\alpha_0 + h$$

Koordinaten des Scheitelpunktes der Bahn

$$x_1 = \frac{v_0^2}{g} \sin \alpha_0 \cos \alpha_0$$

$$y_1 = \frac{v_0^2}{2g} \sin^2 \alpha_0 + h$$

M

Auftreffort (für $y_2 = 0$)

$$x_2 = \frac{v_0^2}{g} \cos \alpha_0 \left(\sin \alpha_0 + \sqrt{\sin^2 \alpha_0 + \frac{2gh}{v_0^2}} \right)$$

Kreisbewegung

Bahnradius

$$r = r_0 = \text{const}$$

Winkel

$$\varphi = \varphi(t)$$

Winkelgeschwindigkeit

$$\omega = \frac{d\varphi}{dt} = \dot{\varphi}$$

Winkelbeschleunigung

$$\alpha = \frac{d\omega}{dt} = \frac{d^2\varphi}{dt^2} = \dot{\omega} = \ddot{\varphi}$$

Winkel-Zeit-Funktionen

$$\varphi = \frac{\alpha}{2} t^2 + \omega_0 t + \varphi_0 \qquad \text{gleichmäßig beschleunigte Kreisbewegung}$$

$$\varphi = \omega_0 t + \varphi_0 \qquad \text{gleichförmige Kreisbewegung}$$

ω_0 Anfangswinkelgeschwindigkeit: $\omega_0 = \omega(0)$
φ_0 Anfangswinkel: $\varphi_0 = \varphi(0)$
α konstante Winkelbeschleunigung

Bahnkoordinaten

$$s = r_0 \varphi$$ Bahnlänge

$$v = r_0 \omega$$ Bahngeschwindigkeit

$$a_s = r_0 \alpha$$ Bahnbeschleunigung

Radialbeschleunigung

$$a_r = r_0 \omega^2 = \frac{v^2}{r_0}$$

Gesamtbeschleunigung

$$a = \sqrt{a_s^2 + a_r^2}$$

Die Vektoren von Bahngeschwindigkeit und Bahnbeschleunigung haben tangentiale Richtung. Außerdem tritt eine Radialbeschleunigung auf. Der Vektor der Radialbeschleunigung ist zum Kreismittelpunkt gerichtet.

Darstellung in kartesischen Koordinaten

$$x = r_0 \cos \varphi(t)$$
$$y = r_0 \sin \varphi(t)$$

6   Newtonsche Axiome und Bewegungsgleichung

Trägheitsgesetz – Erstes Newtonsches Axiom

> Wenn keine Kraft auf die Punktmasse einwirkt, beharrt sie im Zustand der Ruhe oder der gleichförmigen, geradlinigen Bewegung.

Grundgesetz der Mechanik – Zweites Newtonsches Axiom

$$\vec{F} = m\vec{a}$$

$\vec{F}$ Resultierende aller auf die Punktmasse von außen einwirkenden Kräfte;
$\vec{F} = \sum \vec{F}_k$; $k = 1, 2, \ldots, N$

m (träge) Masse der Punktmasse

$\vec{a}$ Beschleunigung der Punktmasse

M

Die Punktmasse ist sehr häufig durch den Massenmittelpunkt eines Körpers repräsentiert.

Die allgemeinere Form des Grundgesetzes der Mechanik ist das Zweite Newtonsche Axiom:

$$\vec{F} = \frac{\mathrm{d}(m\vec{v})}{\mathrm{d}t} = \frac{\mathrm{d}\vec{p}}{\mathrm{d}t}$$

$\vec{F}$ wie in $\vec{F} = m\vec{a}$

$\vec{p}$ Impuls; $\vec{p} = m\vec{v}$

Gegenwirkungsprinzip – Drittes Newtonsches Axiom

> Wirkung und Gegenwirkung (actio und reactio) haben gleiche Beträge. Wirkt die Umgebung (beliebig im Raum verteilte Punktmassen) auf die Punktmasse mit einer bestimmten Kraft $\vec{F}$, so wirkt umgekehrt die Punktmasse auf die Umgebung mit Kräften $\vec{F}_k$, die sich zu einer resultierenden Gegenkraft $\vec{F}'$ zusammenfassen lassen. Kraft und Gegenkraft liegen in derselben Geraden, greifen an zwei verschiedenen Punkten an, haben gleiche Beträge und entgegengesetzten Richtungssinn.

$$\vec{F}' = -\vec{F}$$

$\vec{F}$ Kraft auf die betrachtete Punktmasse

$\vec{F}'$ Resultierende der auf die Umgebung der Punktmasse wirkenden Gegenkräfte $\vec{F}_k$; $\vec{F}' = \sum \vec{F}_k$; $k = 1, 2, \ldots, N$

Bewegungsgleichung

Durch Einsetzen der speziellen Kraftgesetze für die an der Punktmasse angreifenden Kräfte $\vec{F}_k$, die sich nach dem Gesetz der Vektoraddition überlagern (superponieren), entsteht aus dem Newtonschen Grundgesetz der Mechanik die Bewegungsgleichung.

7   Kräfte verschiedenen Ursprungs

Federkraft

$$F_x = -kx$$

k Federkonstante
x Auslenkung des freien Federendes aus der Gleichgewichtslage ($F_x = 0$)
F_x in die Gleichgewichtslage rücktreibende Kraft; deshalb entgegengesetztes Vorzeichen von x

Die Federkraft beruht auf der elastischen Verformung des Federkörpers. Für die am Federende befestigte Punktmasse ist die Federkraft eine ortsabhängige Kraft.

Haftreibungskraft

$$\vec{F}_R = -\vec{F}$$
$$F_R \leq \mu_0 F_n$$

$\vec{F}$ angreifende Kraft
$\vec{F}_R$ Haftreibungskraft
F_n Normalkraft; Kraft, mit der der Körper gegen seine Unterlage drückt oder gedrückt wird
μ_0 Haftreibungszahl; sie hängt vom Material und der Oberflächenbeschaffenheit der sich berührenden Körper ab

$\mu_0 F_n$ ist der maximal mögliche Betrag der Haftreibungskraft. Wird F größer als $\mu_0 F_n$, so beginnt der Körper zu gleiten.

Gleitreibungskraft

$$\vec{F}_R = \mu F_n(-\vec{e}_v)$$

M

$\vec{F}_R$ Kraft, die beim Gleiten eines Körpers auf einer festen Unterlage auftritt und der Bewegung entgegengerichtet ist

μ Gleitreibungszahl; abhängig von den sich berührenden Substanzen

F_n Betrag der vom Körper auf die Unterlage wirkenden Normalkraft $\vec{F}_n$

$\vec{e}_v$ Einheitsvektor der Geschwindigkeit in Bewegungsrichtung

Der Betrag der Geschwindigkeit hat fast keinen Einfluß auf $\vec{F}_R$; deshalb wird $\vec{F}_R$ häufig als konstant bezeichnet.

Rollreibungskraft

$$\vec{F}_R = \frac{\mu'}{r} F_n(-\vec{e}_v)$$

μ' Rollreibungskoeffizient
F_n wie bei Gleit- und Haftreibung
r Radius des rollenden Körpers
$\vec{e}_v$ Einheitsvektor der Geschwindigkeit

Gravitationskraft

$$F = -G\frac{m_1 m_2}{r^2} \qquad \vec{F} = -G\frac{m_1 m_2}{r^2}\vec{e}_r$$

$\vec{F}$ Kraft (stets Anziehungskraft) zwischen zwei Körpern (Gravitationswechselwirkung oder allgem. Massenanziehung)

G Gravitationskonstante (universell gültig)

r Abstand der Massenmittelpunkte der beiden Körper oder Betrag des Ortsvektors, der seinen Ursprung z. B. im Massenmittelpunkt des ersten Körpers haben kann, wofür dann $(1) \rightarrow (2)$ die Richtung von $\vec{e}_r$ ist

m_1, m_2 Masse der jeweiligen Punktmasse

Gewichtskraft – Sonderfall der Gravitationskraft

$$F_G = mg$$

F_G Gewichtskraft; Resultierende aus Gravitationskraft und Zentrifugalkraft an der Erdoberfläche
m Masse des Körpers
g Fallbeschleunigung am betreffenden Ort, abhängig von geografischer Breite und Höhe über dem Meeresspiegel

Coulombkraft

$$\vec{F} = \frac{1}{4\pi\varepsilon_0}\frac{Q_1 Q_2}{r^2}\vec{e}_r$$ vgl. hierzu Abschnitt 33

Q_1, Q_2 elektrische Ladungen der Teilchen (Punktladungen)
$\vec{F}$ Kraft zwischen den Punktladungen (beide Vorzeichen möglich)
r Betrag des Ortsvektors $r\vec{e}_r$, der seinen Ursprung z. B. bei der Punktladung (1) haben kann, wofür dann (1) $\rightarrow$ (2) die Richtung von $\vec{e}_r$ ist
ε_0 elektrische Feldkonstante

Reibungskraft auf umströmte Körper in Flüssigkeiten oder Gasen

$$\vec{F}_R = -r_1 v\vec{e}_v$$
$$\vec{F}_R = -r_2 v^2 \vec{e}_v$$ vgl. hierzu Abschnitt 18

$\vec{F}_R$ Kraft, die auf der inneren Reibung in Flüssigkeiten oder Gasen beruht
r_1 Reibungskonstante (Geschwindigkeit v klein)
r_2 Reibungskonstante (Geschwindigkeit v groß)
v Betrag der Relativgeschwindigkeit des Körpers gegenüber dem Medium; nicht in unmittelbarer Nähe des Körpers (Grenzschicht, Turbulenz)

M

Zwangskraft

> Ist die Bahn einer bewegten Punktmasse durch eine Führung (Schiene) gegeben, so treten in der Führung Zwangskräfte auf, die normal zur Bahn orientiert und so groß sind, daß sie zusammen mit den anderen vorhandenen Kräften die Einhaltung der Bahn bewirken.

Radialkraft

> Der Begriff Radialkraft wird verwendet für das Produkt Masse mal Radialbeschleunigung.

$$F_\mathrm{r} = -m\frac{v^2}{r} = -m\omega^2 r$$

F_r Radialkraft
m Masse
v Bahngeschwindigkeit am betrachteten Ort; $v = r\omega$
r Krümmungsradius der Bahn am betrachteten Ort

Das negative Vorzeichen weist darauf hin, daß die Radialkraft zum Krümmungsmittelpunkt der Bahn gerichtet ist.
Der Begriff Radialkraft fordert auf, nach Kräften zu suchen, deren Resultierende die Radialbeschleunigung erzeugen kann.

8   Arbeit, Energie, Leistung

Mechanische Arbeit

$$W = \int\limits_{\vec{r}_1}^{\vec{r}_2} \vec{F}\,\mathrm{d}\vec{r} = \int\limits_{s_1}^{s_2} F_s\,\mathrm{d}s = \int\limits_{s_1}^{s_2} F\cos\alpha\,\mathrm{d}s$$

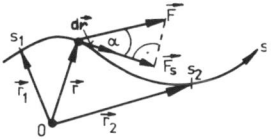

W verrichtete Arbeit längs der Wegstrecke s vom Ort mit der Bahnkoordinate s_1 bis zum Ort mit der Bahnkoordinate s_2; Differential: $\mathrm{d}W = \vec{F}\,\mathrm{d}\vec{r}$

$\vec{F}$ Kraft, die diese Arbeit verrichtet; $F = |\vec{F}|$
$\vec{r}_1$ Ortsvektor zum Ort bei s_1
$\vec{r}_2$ Ortsvektor zum Ort bei s_2
F_s Betrag der Kraftkomponente $\vec{F}_s$ in Wegrichtung am betrachteten Ort
α Winkel zwischen Kraftrichtung und Bahntangente beim Angriffspunkt der Kraft

Auf einem festgelegten Weg verrichtet die auf einen Körper wirkende Kraft $\vec{F}$ die Arbeit W.

Sonderfall ($F = \text{const}$ und $\alpha = 0$):

$$W = Fs$$

F Kraft $F = |\vec{F}| = F_s$
s Wegstrecke

Verschiebungsarbeit

$$W' = -W$$

W' Verschiebungsarbeit (mechanische Arbeit, die z. B. beim Zusammendrücken einer Feder verrichtet wird);
$\mathrm{d}W' = \vec{F}'\,\mathrm{d}\vec{r}$, $\vec{F}' = -\vec{F}$
W Arbeit, die die (resultierende) Kraft $\vec{F}$ am Körper verrichtet

Potentielle Energie

$$\Delta E_\mathrm{p} = W'$$

$$E_\mathrm{p}(\vec{r}_2) - E_\mathrm{p}(\vec{r}_1) = - \int_{\vec{r}_1}^{\vec{r}_2} \vec{F}\mathrm{d}\vec{r}$$

ΔE_p Änderung der potentiellen Energie E_p; $\Delta E_\mathrm{p} = E_\mathrm{p}(2) - E_\mathrm{p}(1)$
W' Verschiebungsarbeit
$\vec{r}_1, \vec{r}_2$ Ortsvektoren

Die potentielle Energie ist eine Funktion des Ortes: $E_p(\vec{r})$. Der Nullpunkt der potentiellen Energie ist willkürlich wählbar. Das Kraftgesetz der **Potentialkraft** $\vec{F}(\vec{r})$ bestimmt die konkreten Funktionen $E_p(\vec{r})$.

Potentialkräfte sind dadurch gekennzeichnet, daß beim Rückgängigmachen einer Verschiebung die ihnen gegenüber verrichtete Verschiebungsarbeit vollständig zurückgewonnen wird. Bei Potentialkräften bewirkt das Zuführen von Verschiebungsarbeit einen Zuwachs an potentieller Energie.

Kraft (Potentialkraft)		potentielle Energie	festgelegter Nullpunkt $E_p = 0$
Gewichtskraft	$F_z = -mg$	$E_p = mgz$	$z = 0$
Federkraft	$F_x = -kx$	$E_p = \dfrac{k}{2}x^2$	$x = 0$
Gravitationskraft	$F = -G\dfrac{m_1 m_2}{r^2}$	$E_p = -G\dfrac{m_1 m_2}{r}$	$r \to \infty$
Coulombkraft	$F = \dfrac{Q_1 Q_2}{4\pi\varepsilon_0 r^2}$	$E_p = \dfrac{Q_1 Q_2}{4\pi\varepsilon_0 r}$	$r \to \infty$

Kinetische Energie

$$E_k = \frac{m}{2}v^2$$

$$\Delta E_k = \int\limits_{\vec{r}_1}^{\vec{r}_2} m\vec{a}\, d\vec{r} = m\int\limits_{\vec{v}_1}^{\vec{v}_2} \vec{v}\, d\vec{v} = \frac{m}{2}v_2^2 - \frac{m}{2}v_1^2$$

ΔE_k Änderung der kinetischen Energie; $\Delta E_k = E_k(2) - E_k(1)$
m Masse des Körpers
$\vec{v}$ Geschwindigkeit des Körpers
$\vec{r}$ Ortsvektor

Eine Kraft $F = ma$, die einen Körper beschleunigt, verrichtet Beschleunigungsarbeit.

Zugeführte Beschleunigungsarbeit bewirkt einen Zuwachs an kinetischer Energie.

Energieerhaltung

> Die Summe von potentieller und kinetischer Energie eines Körpers, der sich unter dem Einfluß einer Potentialkraft bewegt, ändert sich nicht.

$$E_\mathrm{p} + E_\mathrm{k} = E_0 = \text{const}$$

$E_\mathrm{p} = E_\mathrm{p}(\vec{r})$ potentielle Energie (ortsabhängig)
$E_\mathrm{k} = E_\mathrm{k}(\vec{v})$ kinetische Energie (geschwindigkeitsabhängig)
E_0 konstante Gesamtenergie

Andere Schreibweise für den Vergleich zweier Zustände 1 und 2:

$$E_\mathrm{p}(1) + E_\mathrm{k}(1) = E_\mathrm{p}(2) + E_\mathrm{k}(2)$$

Mechanische Leistung

$$P = \frac{\mathrm{d}W}{\mathrm{d}t} = \vec{F}\vec{v}$$

Sonderfall ($P = \text{const}$):

$$P = \frac{W}{\Delta t}$$

W mechan. Arbeit, die eine Kraft $\vec{F}$ verrichtet; $\mathrm{d}W = \vec{F}\mathrm{d}\vec{r}$

$\vec{v}$ Geschwindigkeit; $\vec{v} = \dfrac{\mathrm{d}\vec{r}}{\mathrm{d}t}$

Δt Zeitspanne, in der die Arbeit verrichtet wird

P Leistung; zeitlicher Zuwachs an mechan. Arbeit ($\mathrm{d}W > 0$, $P > 0$); bei Verschiebungsarbeit $\mathrm{d}W' = -\mathrm{d}W < 0$, $P < 0$

9 Impulserhaltungssatz

Definition des Impulses

$$\vec{p} = m\vec{v}$$

M

$\vec{p}$ Impuls oder Bewegungsgröße
m Masse
$\vec{v}$ Geschwindigkeit

Impulsänderung durch Krafteinwirkung – Kraftstoß

$$m(\vec{v}_2 - \vec{v}_1) = \int\limits_{t_1}^{t_2} \vec{F}\,\mathrm{d}t$$

$\vec{v}_1$ Geschwindigkeit zur Zeit t_1 (vor der Krafteinwirkung)
$\vec{v}_2$ Geschwindigkeit zur Zeit t_2 (nach der Krafteinwirkung)
$\vec{F}$ Kraft; $\int \vec{F}\,\mathrm{d}t$ heißt Kraftstoß

Sonderfall ($F = \mathrm{const}$; gleiche Richtung von Geschwindigkeit und Kraft):

$$m(v_2 - v_1) = F\Delta t$$

Δt Zeit der Krafteinwirkung

Systeme von Punktmassen

In einem **abgeschlossenen System** treten nur Kräfte zwischen Körpern auf, die dem System angehören. Diese Kräfte heißen **innere Kräfte**. Wegen des Gegenwirkungsprinzips ist die Summe der inneren Kräfte gleich null.
Äußere Kräfte werden auf einen Körper eines (nichtabgeschlossenen) Systems von einem Körper ausgeübt, der selbst nicht dem System angehört.

Impulserhaltungssatz

> In einem abgeschlossenen System (es existieren keine
> äußeren Kräfte) ist die Summe der Impulse aller Punkt-
> massen konstant.

$$\sum_k m_k \vec{v}_k = \vec{p}_0 = \text{const}$$

k Summationsindex und Numerierung der Punktmassen des
         Systems; $k = 1, 2, \ldots, N$
$\vec{p}_0$ Gesamtimpuls

oder

$$\sum_k m_k \vec{v}_k = \sum_k m_k \vec{v}_k'$$

oder

$$\sum_k \vec{p}_k = \sum_k \vec{p}_k'$$

$\vec{v}_k$ Geschwindigkeiten der Punktmassen zu einem bestimmten
         Zeitpunkt
$\vec{v}_k'$ Geschwindigkeiten der Punktmassen zu einem anderen
         Zeitpunkt
$\vec{p}_k, \vec{p}_k'$ entsprechend – Impulse zu zwei verschiedenen Zeitpunkten

Durch die Formeln werden zwei Zustände des Systems verglichen.

Massenmittelpunkt eines Systems von Punktmassen – Ortsvektor

$$\vec{r}_M = \frac{\sum\limits_k m_k \vec{r}_k}{\sum\limits_k m_k}$$

$\vec{r}_M$ Ortsvektor des Massenmittelpunktes
$\sum m_k = m$ Gesamtmasse des Systems von Punktmassen
$\vec{r}_k$ Ortsvektoren der einzelnen Punktmassen

Massenmittelpunkt – Geschwindigkeit

$$\vec{v}_M = \frac{1}{m} \sum_k m_k \vec{v}_k = \frac{\vec{p}_0}{m}$$

M

$\vec{v}_M$ Geschwindigkeit des Massenmittelpunktes des Systems von Punktmassen

$\vec{v}_k$ Geschwindigkeiten der einzelnen Punktmassen

$\vec{p}_0$ Gesamtimpuls des Systems

m Gesamtmasse des Systems; $m = \sum_k m_k$

Massenmittelpunkt – Beschleunigung bei Einwirkung äußerer Kräfte

$$\vec{a}_M = \frac{1}{m_k} \sum_k m_k \vec{a}_k$$

$\vec{a}_M$ Beschleunigung des Massenmittelpunktes des Systems von Punktmassen

$\vec{a}_k$ Beschleunigungen der einzelnen Punktmassen

m Gesamtmasse des Systems; $m = \sum_k m_k$

Daraus folgt die

Bewegungsgleichung des Massenmittelpunktes

$$m\vec{a}_M = \sum_k \vec{F}_k$$

m Gesamtmasse des Systems von Punktmassen

$\vec{a}_M$ Beschleunigung des Massenmittelpunktes

$\vec{F}_k$ Kräfte, die auf die einzelnen Punktmassen wirken, soweit sie äußere Kräfte sind (innere Kräfte des Systems tragen zur Beschleunigung $\vec{a}_M$ nicht bei)

Für den Massenmittelpunkt gilt das Trägheitsgesetz.

Stoß zweier Punktmassen in einer Geraden

Impulserhaltung in dem System, das die beiden Punktmassen bilden:

$$m_1 v_1 + m_2 v_2 = m_1 v_1' + m_2 v_2'$$

m_1, m_2 Massen
v_1, v_2 Geschwindigkeiten der Punktmassen vor dem Stoß
v_1', v_2' Geschwindigkeiten der Punktmassen nach dem Stoß

Vollkommen elastischer Stoß

Zusätzlich gilt der Energieerhaltungssatz:

$$\frac{m_1}{2} v_1^2 + \frac{m_2}{2} v_2^2 = \frac{m_1}{2} v_1'^2 + \frac{m_2}{2} v_2'^2$$

Geschwindigkeiten nach dem Stoß:

$$v_1' = \frac{(m_1 - m_2)v_1 + 2m_2 v_2}{m_1 + m_2}$$
$$v_2' = \frac{(m_2 - m_1)v_2 + 2m_1 v_1}{m_1 + m_2}$$

Vollkommen unelastischer Stoß

Übereinstimmende Geschwindigkeiten nach dem Stoß:

$$v' = v_1' = v_2' = \frac{m_1 v_1 + m_2 v_2}{m_1 + m_2}$$

Verlust an kinetischer Energie beim Stoß:

$$\Delta E = E_k - E_k' = \frac{m_1 m_2}{2(m_1 + m_2)} (v_1 - v_2)^2$$

Bewegungsgleichung bei veränderlicher Masse

$$m\vec{a} = \vec{F} + \vec{u}\frac{\mathrm{d}m}{\mathrm{d}t}$$

M

$\vec{F}$ auf den Körper von außen einwirkende Kraft

$\dfrac{\mathrm{d}m}{\mathrm{d}t}$ zeitbezogene Massenänderung des Körpers; bei Massenausstoß (Rakete) ist $\mathrm{d}m/\mathrm{d}t < 0$

$\vec{u}$ Relativgeschwindigkeit der ausgestoßenen (hinzutretenden) Masse gegenüber dem Körper

$\vec{a}$ Beschleunigung des Körpers

10   Bewegung im Zentralfeld

Zentralkraft

$$\vec{F} = F(r)\vec{e}_r$$

$F(r)$ Ausdruck für die Abhängigkeit der Kraft von r (Abstand vom Kraftzentrum) und für den Richtungssinn der Kraft

$\vec{e}_r$ Einheitsvektor des Ortsvektors $\vec{r}$, dessen Ursprung im Kraftzentrum liegt. Es gilt $\vec{e}_r = \dfrac{\vec{r}}{r}$.

Eine Zentralkraft ist für $F(r) < 0$ überall im Raum zum gleichen Punkt hin gerichtet und für $F(r) > 0$ von diesem weg gerichtet. Dieser Punkt ist das Kraftzentrum.

Zentralkräfte sind die

Gravitationskraft

$$\vec{F} = -G\,\frac{m_1 m_2}{r^2}\,\vec{e}_r \qquad \text{vgl. hierzu Abschnitt 7}$$

und die

Coulombkraft

$$\vec{F} = \frac{1}{4\pi\varepsilon_0}\frac{Q_1 Q_2}{r^2}\,\vec{e}_r \qquad \text{vgl. hierzu Abschnitte 7 und 33}$$

m_1, m_2 Punktmassen
Q_1, Q_2 Punktladungen
r Betrag des Ortsvektors $\vec{r}$ von m_2 bzw. Q_2, dessen Ursprung bei m_1 bzw. Q_1 liegt. Der Ursprung ist damit das Kraftzentrum.
$\vec{e}_r$ Einheitsvektor von $\vec{r}$ mit $\vec{e}_r = \dfrac{\vec{r}}{r}$
G Gravitationskonstante
ε_0 elektrische Feldkonstante

Drehimpuls einer Punktmasse – Impulsmoment

$$\boxed{\vec{L} = \vec{r} \times m\vec{v}}$$ vgl. hierzu Abschnitt 12

m Punktmasse
$\vec{r}$ Ortsvektor der Punktmasse
$\vec{v}$ Bahngeschwindigkeit der Punktmasse
$\vec{L}$ Drehimpuls der Punktmasse in bezug auf den Ursprung des Ortsvektors $\vec{r}$

Sonderfall (Kreisbewegung $r = $ const, $\vec{r} \perp \vec{v}$, $v = \omega r$):

$$\boxed{L = mrv = mr^2\omega}$$

ω Winkelgeschwindigkeit; $\omega = 2\pi f$
f Umlauffrequenz

Bewegt sich eine Punktmasse im Zentralfeld, so ist der Drehimpuls eine Erhaltungsgröße. Es gilt der Drehimpulserhaltungssatz.

$$\boxed{\vec{L} = \text{const}}$$ vgl. hierzu Abschnitt 12

(Die Punktmasse bewegt sich in einer Ebene, deren Normale die Richtung von $\vec{L}$ hat.)

Der Drehimpulserhaltungssatz enthält den **Flächensatz**, der besagt, daß der Ortsvektor vom Kraftzentrum zur Punktmasse in gleichen Zeiten gleiche Flächen überstreicht (2. Keplersches Gesetz):

M

$$\frac{dA}{dt} = \frac{L}{2m} = \text{const}$$

$\dfrac{dA}{dt}$ auf die Zeit bezogene Änderung der Fläche, die der Ortsvektor überstreicht

Bewegung im Gravitationsfeld

Der Ablauf der Bewegung im Zentralfeld kann mit Impuls- und Energieerhaltungssatz bestimmt werden.

$$mrv \sin \alpha = L = \text{const}$$
$$\frac{m}{2} v^2 - G \frac{m_0 m}{r} = E = \text{const}$$

m_0 Masse des Zentralgestirns
m Planetenmasse
r Betrag des Ortsvektors
v Betrag des Bahngeschwindigkeitsvektors
G Gravitationskonstante
α Winkel zwischen Ortsvektor und Vektor der Bahngeschwindigkeit
E Gesamtenergie; $E_p(r \to \infty) = 0$
L Betrag des Drehimpulsvektors

Die Bahnen der Punktmassen im Gravitationsfeld haben die Gestalt von Kegelschnitten. Die spezielle Form ist durch die Energie bestimmt:

        $E < 0$ Ellipse (1. Keplersches Gesetz)
        $E = 0$ Parabel
        $E > 0$ Hyperbel

Der Ort größter Annäherung der Punktmasse an das Kraftzentrum heißt **Perizentrum**. Die Ellipse hat außerdem einen Ort der größten Entfernung vom Kraftzentrum, das **Apozentrum**.

$$E = -G^2 \frac{m_0^2 m^3}{2L^2}$$ Kreisbahn als Sonderfall
der Ellipse

Zwischen den großen Halbachsen a der Ellipsenbahnen und den Umlaufzeiten T der Punktmasse besteht die Beziehung

$$\boxed{\frac{a^3}{T^2} = \frac{G}{4\pi^2}\,(m_0 + m) = \text{const}}$$ (3. Keplersches Gesetz)

wenn $m \ll m_0$, aber m berücksichtigt werden soll.

11   Statik

Starrer Körper

Der starre Körper verändert seine Gestalt auch unter dem Einfluß von Kräften nicht; die **Dichte**

$$\varrho = \frac{\mathrm{d}m}{\mathrm{d}V},$$

die örtlich verschieden sein kann, bleibt konstant.
Für einen homogenen Körper ist

$$\boxed{\varrho = \frac{m}{V}}$$

Drehmoment

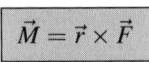

$$\boxed{\vec{M} = \vec{r} \times \vec{F}}$$

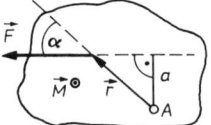

$\vec{r}$ Ortsvektor vom Drehpunkt zum Angriffspunkt der Kraft

$\vec{F}$ auf den Körper wirkende Kraft; linienflüchtig (kann also längs der Wirkungslinie verschoben werden)

$\vec{M}$ Drehmoment; axialer Vektor; flächenflüchtig (kann also in der Ebene, auf der er senkrecht steht, verschoben werden)

Die Wirkung einer Kraft auf einen starren Körper ist von der Richtung der Kraft und von der Lage des Angriffs- und des Drehpunktes abhängig.

Betrag des Drehmomentes

$$M = Fr \sin \alpha$$

α Winkel zwischen den Richtungen von $\vec{r}$ und $\vec{F}$

Gleichgewicht

Ein starrer Körper befindet sich im Gleichgewicht, wenn sowohl

$$\sum_{k=1}^{N} \vec{F}_k = 0$$

als auch

$$\sum_{k=1}^{N} \vec{M}_k = 0$$

gilt.

Eine allgemeinere Gleichgewichtsbedingung liefert das Minimum der potentiellen Energie E_p (hier nur für einen Freiheitsgrad, der durch die Koordinate x beschrieben wird):

$$\frac{\mathrm{d}E_\mathrm{p}}{\mathrm{d}x} = 0$$

Dazu die Stabilitätskriterien:

$$\frac{\mathrm{d}^2 E_\mathrm{p}}{\mathrm{d}x^2} \quad \begin{cases} > 0 & \text{stabiles} \\ = 0 & \text{indifferentes} \\ < 0 & \text{labiles} \end{cases} \quad \text{Gleichgewicht}$$

12   Rotation starrer Körper

Bewegung des starren Körpers

Ein starrer Körper hat drei **Freiheitsgrade** der Translation (lineare Koordinaten) und drei Freiheitsgrade der Rotation (ebene Winkel).

Sonderfall (Drehung um eine raumfeste Achse):

Winkel	$\varphi = \varphi(t)$
Winkelgeschwindigkeit	$\omega = \dfrac{\mathrm{d}\varphi}{\mathrm{d}t} = \dot{\varphi}$
Winkelbeschleunigung	$\alpha = \dfrac{\mathrm{d}\omega}{\mathrm{d}t} = \dfrac{\mathrm{d}^2\varphi}{\mathrm{d}t^2} = \dot{\omega} = \ddot{\varphi}$

$\vec{\omega}, \vec{\alpha}$ Vektoren in Richtung der Drehachse (axiale Vektoren; Richtungssinn ist durch die Rechtsschraubenregel festgelegt

Bewegungsgleichung der Rotation

Wirkt auf einen starren Körper ein Drehmoment $\vec{M} = \vec{r} \times \vec{F}$, so hat er die Winkelbeschleunigung $\vec{\alpha}$. Der Betrag der Winkelbeschleunigung hängt vom Drehmoment und der Verteilung der Massenelemente des Körpers um die Drehachse A ab. Diese Verteilung wird vom Trägheitsmoment J_A erfaßt. Newtonsches Grundgesetz der Rotation für eine Drehung um eine **raumfeste Achse**:

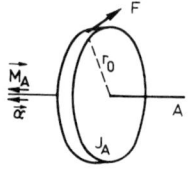

$$M_A = J_A \alpha$$

Berechnung des Trägheitsmomentes:

$$J_A = \int r^2 \, \mathrm{d}m$$

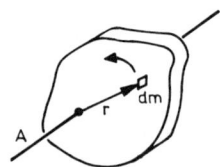

$\mathrm{d}m$ Massenelement des Körpers mit dem Volumenelement $\mathrm{d}V$;
$\mathrm{d}m = \varrho\,\mathrm{d}V$; ϱ Dichte

Geeignetes (der Körperform angepaßtes) Koordinatensystem verwenden. Integrationsgrenzen so wählen, daß über alle Volumenelemente des Körpers summiert werden kann.

M

Satz von Steiner

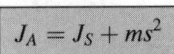
$$J_A = J_S + ms^2$$

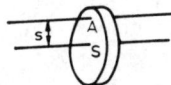

J_A Trägheitsmoment um die Drehachse A des Körpers
J_S Trägheitsmoment um die Achse S durch den Schwerpunkt
    (Massenmittelpunkt) des Körpers
    Die Achsen A und S liegen parallel zueinander.
m Masse des Drehkörpers
s Abstand der Achsen A und S voneinander

Spezielle Trägheitsmomente

Körper	J_S	Bezugsachse
Vollzylinder	$\frac{1}{2}mr^2$	Figurenachse
Hohlzylinder (dünnwandig)	mr^2	Figurenachse
Vollkugel	$\frac{2}{5}mr^2$	Achse durch Kugelmitte
Hohlkugel (dünnwandig)	$\frac{2}{3}mr^2$	Achse durch Kugelmitte
Stab (dünn)	$\frac{1}{12}ml^2$	Mittelsenkrechte
Punktmasse auf einer Kreisbahn	mr_0^2	Mittelsenkrechte der Kreisbahn

m Körpermasse
r Außenradius des Körpers
l Länge des Stabes
r_0 Radius der Kreisbahn

Drehimpuls

Definition des Drehimpulses $\vec{L}_A$ eines starren Körpers bei Drehung um eine raumfeste Achse A:

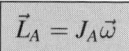 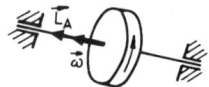

$$\vec{L}_A = J_A \vec{\omega}$$

J_A Trägheitsmoment des Körpers um die Achse A
$\vec{\omega}$ Winkelgeschwindigkeit; $\omega = 2\pi f$; f Frequenz (Drehzahl)

Bewegungsgleichung bei veränderlichem Trägheitsmoment

Ändert sich das Trägheitsmoment während der Drehung, so trifft die Bezeichnung „starrer Körper" nicht mehr zu. Im Grundgesetz wird das wie folgt berücksichtigt:

$$M_A = \frac{\mathrm{d}}{\mathrm{d}t}(J_A\omega) = \frac{\mathrm{d}}{\mathrm{d}t}L_A = \dot{L}_A$$

Es gilt allgemein:

> Wirkt ein äußeres Drehmoment, so wird der Drehimpuls geändert.

Drehimpulserhaltungssatz

> Wirkt kein äußeres Drehmoment auf einen Drehkörper, so bleibt der Drehimpuls konstant.

$$\vec{L} = \text{const, wenn } \vec{M} = 0$$

Dieser Erhaltungssatz gilt auch, wenn sich die Gestalt (das Trägheitsmoment) des Körpers ändert.

Er trifft auch zu für ein System von mehreren Drehkörpern:

$$\sum_k L_{Ak} = \sum_k J_{Ak}\omega_k = \text{const, wenn} \sum_k M_{Ak} = 0$$

$k = 1, 2, \ldots, N$

Index A: raumfeste Achse

Impulsmoment

Eine Punktmasse, die sich mit der Geschwindigkeit $\vec{v}$ um einen festen Bezugspunkt A bewegt, hat den Drehimpuls

$$\boxed{\vec{L}_A = \vec{r} \times m\vec{v}}$$ vgl. hierzu Abschnitt 10

Dieser Ausdruck wird auch Impulsmoment genannt.

m Punktmasse
$\vec{r}$ Ortsvektor vom Bezugspunkt zur Punktmasse
$\vec{v}$ Vektor der Bahngeschwindigkeit der Punktmasse

Betrag des Impulsmomentes

$$L_A = mrv\sin\alpha$$

α Winkel zwischen $\vec{r}$ und $\vec{v}$

Präzessionsbewegung des Kreisels

Ein Kreisel kann im kardanischen Gehänge jede beliebige Achsenlage einnehmen. Wirkt ein Drehmoment mit einer Komponente senkrecht zur Drehachse, so ändert sich die Richtung des Drehimpulsvektors.

$$\boxed{\vec{M} = \frac{\mathrm{d}\vec{L}}{\mathrm{d}t} = \dot{\vec{L}}}$$

Die Änderung des Drehimpulses $(d\vec{L})$ hat den Richtungssinn des wirkenden Drehmomentes $(\vec{M})$. Es kommt zu einer Präzessionsbewegung.

Im Sonderfall (schnellaufender Kreisel)

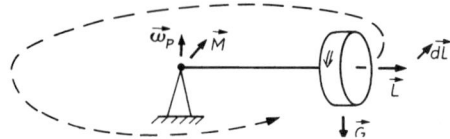

folgt der Drehkörper nicht der Gewichtskraft $\vec{G}$, sondern weicht rechtwinklig dazu in horizontaler Richtung aus (Präzession).

Präzessionskreisfrequenz:

$$\omega_P = \frac{mgs}{J_S\omega}$$

m Masse des Kreisels
s horizontaler Abstand des Massenmittelpunktes des Kreisels vom Auflagepunkt
J_S Trägheitsmoment des Kreisels
$\omega = 2\pi f$ Kreisfrequenz, f Frequenz (Drehzahl) des Kreisels

Gegenüberstellung Translation – Rotation

Translation in x-Richtung	Rotation um eine feste Achse A
$x = x(t)$	$\varphi = \varphi(t)$
$v_x = \dot{x}$	$\omega = \dot{\varphi}$
$a_x = \dot{v}_x = \ddot{x}$	$\alpha = \dot{\omega} = \ddot{\varphi}$
$x = \dfrac{a_x}{2}t^2 + v_{x0}t + x_0$	$\varphi = \dfrac{\alpha}{2}t^2 + \omega_0 t + \varphi_0$
m	J_A
F_x	M_A
$F_x = ma_x$	$M_A = J_A\alpha$

M

Translation in x-Richtung	Rotation um eine feste Achse A
$E_k = \dfrac{m}{2} v_x^2$	$E_k = \dfrac{J_A}{2} \omega^2$
$W = \displaystyle\int F_x \, dx$	$W = \displaystyle\int M_A \, d\varphi$
$p = m v_x$	$L_A = J_A \omega$
$p_x - p_{x0} = \displaystyle\int F_x \, dt$	$L_A - L_{A0} = \displaystyle\int M_A \, dt$
$P = F_x v_x$	$P = M_A \omega$
Impulssatz	Drehimpulssatz
$\Sigma F_x = 0 \qquad p_x = \text{const}$	$\Sigma M_A = 0 \qquad L_A = \text{const}$
Federkraft	Torsionsmoment
$F_x = -kx$	$M_A = -D\varphi$
mit Federkonstante k	mit Richtmoment D
Federenergie	Torsionsenergie
$E_p = \dfrac{k}{2} x^2$	$E_p = \dfrac{D}{2} \varphi^2$
Federschwingung	Torsionsschwingung
$T = 2\pi \sqrt{\dfrac{m}{k}}$	$T = 2\pi \sqrt{\dfrac{J_A}{D}}$
mathematisches Pendel	physikalisches Pendel
$T = 2\pi \sqrt{\dfrac{l}{g}}$	$T = 2\pi \sqrt{\dfrac{l^*}{g}}$
	mit der reduzierten Pendellänge
	$l^* = \dfrac{J_A}{ms}$

13   Beschleunigtes Bezugssystem

Allgemeine Trägheitskraft

$$\vec{F}_\mathrm{T} = -m\vec{a}$$

m Masse des Körpers
$\vec{a}$ Beschleunigung des Bezugssystems, in dem sich der Körper befindet
$\vec{F}_\mathrm{T}$ Kraft, die auf den Körper auf Grund der Beschleunigung des Bezugssystems wirkt

Zentrifugalkraft

$$\vec{F}_\mathrm{Z} = m(\vec{\omega} \times \vec{r}) \times \vec{\omega}$$

oder in Polarkoordinaten

$$F_\mathrm{Z} = m\omega^2 r$$

m Masse des Körpers
$\vec{\omega}$ Winkelgeschwindigkeit, mit der das Bezugssystem rotiert, in dem sich der Körper befindet
$\vec{r}$ Ortsvektor von m, dessen Ursprung auf der Drehachse liegt
r senkrechter Abstand des Körpers der Masse m von der Drehachse (i. allg. nicht Betrag von $\vec{r}$)
$\vec{F}_\mathrm{Z}$ Kraft, die auf den Körper auf Grund der Rotation des Bezugssystems wirkt

Corioliskraft

$$\vec{F}_\mathrm{C} = 2m(\vec{v} \times \vec{\omega})$$

m Masse des Körpers
$\vec{\omega}$ Winkelgeschwindigkeit, mit der das Bezugssystem rotiert, in dem sich der Körper befindet

$\vec{v}$ Geschwindigkeit, mit der sich der Körper relativ zum Bezugssystem bewegt

$\vec{F}_C$ Kraft, die auf den Körper auf Grund seiner Bewegung im rotierenden Bezugssystem wirkt. $\vec{F}_Z$ wirkt außerdem auf ihn.

M

14   Spezielle Relativitätstheorie

Relativitätsprinzip

Alle Inertialsysteme sind gleichberechtigt, nur ihre Relativgeschwindigkeit ist feststellbar.

Lichtgeschwindigkeit

Die Lichtgeschwindigkeit hat in allen Inertialsystemen den gleichen Wert c.

Lorentz-Transformation

$$x = \frac{x' + vt'}{\sqrt{1 - \left(\dfrac{v}{c}\right)^2}} \qquad t = \frac{t' + \dfrac{v}{c^2}x'}{\sqrt{1 - \left(\dfrac{v}{c}\right)^2}}$$

$$y = y'$$
$$z = z'$$

x, y, z Ortskoordinaten eines Körpers im Koordinatensystem Σ

t Zeit im Koordinatensystem Σ

x', y', z' Ortskoordinaten im Koordinatenursprung Σ' für den gleichen Körper. Ursprung und Achsen der Systeme Σ und Σ' sind zur Zeit $t = t' = 0$ deckungsgleich. Σ' bewegt sich in positiver x-Richtung gegenüber Σ.

t' die vom Beobachter in Σ' registrierte Zeit

v Relativgeschwindigkeit, mit der sich Σ' gegenüber Σ bewegt

c Lichtgeschwindigkeit (Vakuum)

Die Lorentz-Transformation verknüpft die Ort-Zeit-Koordinaten des gleichen Ereignisses in zwei verschiedenen Inertialsystemen Σ und Σ' miteinander. Innerhalb eines Inertialsystems gilt an jedem Ort die gleiche Zeit.

Rücktransformation:
Sollen die Koordinaten von Σ' durch die von Σ ausgedrückt werden, so sind die gestrichenen und die ungestrichenen Koordinaten gegeneinander auszutauschen (Relativitätsprinzip), und v geht in $-v$ über. Das gilt auch für die folgenden Formeln.

Längenkontraktion

$$\Delta x = \Delta x' \sqrt{1 - \left(\frac{v}{c}\right)^2}$$

$\Delta x'$ Länge eines Körpers (der im System Σ' ruht), die ein in Σ' befindlicher Beobachter feststellt

Δx Länge, die ein in Σ befindlicher Beobachter von einem Körper feststellt, der in Σ' ruht und dort die Länge $\Delta x'$ hat

v Relativgeschwindigkeit, mit der sich das System Σ' gegenüber dem System Σ bewegt

c Lichtgeschwindigkeit

Ein Körper, der im System Σ' ruht und dort die Länge $\Delta x'$ hat, erscheint dem Beobachter im System Σ auf den Wert Δx verkürzt.

Zeitdilatation

$$\Delta t = \frac{\Delta t'}{\sqrt{1 - \left(\frac{v}{c}\right)^2}}$$

$\Delta t'$ Dauer eines Zeitintervalls, das ein Beobachter im System Σ' feststellt

Δt Dauer des gleichen Zeitintervalls, das ein Beobachter im System Σ feststellt

v Relativgeschwindigkeit, mit der sich das System Σ' gegenüber dem System Σ bewegt

c Lichtgeschwindigkeit

M

Ein Zeitintervall, das im System Σ' die Dauer $\Delta t'$ hat, erscheint dem Beobachter im System Σ auf den Wert Δt gedehnt.

Additionstheorem der Geschwindigkeiten

$$u_x = \frac{u'_x + v}{1 + \dfrac{u'_x v}{c^2}}$$

u'_x Geschwindigkeit, mit der sich ein Körper im System Σ' bewegt

u_x Geschwindigkeit des gleichen Körpers, die vom System Σ aus festgestellt wird

v Relativgeschwindigkeit, mit der sich das System Σ' gegenüber dem System Σ bewegt

c Lichtgeschwindigkeit

Relativistische Masse

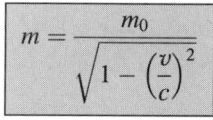

$$m = \frac{m_0}{\sqrt{1 - \left(\dfrac{v}{c}\right)^2}}$$

m_0 Ruhmasse. Diese stellt ein Beobachter fest, wenn der Körper in seinem System die Geschwindigkeit null hat, also ruht.

m träge Masse, die ein Körper der Ruhmasse m_0 hat, der sich gegenüber dem Beobachter bewegt.

v Relativgeschwindigkeit, mit der sich der Körper mit der Ruhmasse m_0 gegenüber dem Beobachter bewegt

c Lichtgeschwindigkeit

Bewegungsgleichung

$$\vec{F} = \frac{\mathrm{d}}{\mathrm{d}t}(m\vec{v}) = \frac{\mathrm{d}\vec{p}}{\mathrm{d}t}$$

m träge Masse eines Körpers
$\vec{v}$ Relativgeschwindigkeit des Körpers gegenüber dem Beobachter
$\vec{p}$ Impuls des Körpers, wobei $\vec{p} = m\vec{v}$ gilt

Es handelt sich hier um das 2. Newtonsche Axiom, das für den Grenzfall konstanter Masse in das Grundgesetz $\vec{F} = m\vec{a}$ übergeht.

Einsteinsche Masse-Energie-Äquivalenz

$$E = mc^2$$

m träge Masse eines Körpers (hängt von seinem Bewegungszustand, seiner Geschwindigkeit ab)
c Lichtgeschwindigkeit
E Gesamtenergie des Körpers der trägen Masse m

Ruhenergie

$$E_0 = m_0 c^2$$

m_0 Ruhmasse eines Körpers (bei Geschwindigkeit $v = 0$)
c Lichtgeschwindigkeit
E_0 Ruhenergie

Kinetische Energie

$$E_k = (m - m_0)c^2$$

m träge Masse eines Körpers bei der Geschwindigkeit v
m_0 Ruhmasse dieses Körpers
c Lichtgeschwindigkeit

E_k kinetische Energie eines Körpers, der die Ruhmasse m_0 und die Geschwindigkeit v hat

Energie-Impuls-Beziehung

$$E = c\sqrt{(m_0 c)^2 + p^2}$$

m_0 Ruhmasse des Körpers
p Impuls dieses Körpers
c Lichtgeschwindigkeit
E Gesamtenergie des Körpers

15   Verformung fester Körper

Für Kräfte, die über die Oberfläche auf einen Körper einwirken, wird das Verhältnis $\dfrac{\text{Kraft}}{\text{Fläche}}$ als **Spannung** definiert. Eine Kraft $\vec{F}$ beliebiger Richtung hat eine Normalkomponente $\vec{F}_\mathrm{n}$ und eine Tangentialkomponente $\vec{F}_\mathrm{t}$ zur Körperoberfläche:

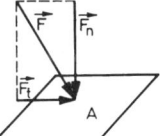

Normalspannung

$$\sigma = \frac{F_\mathrm{n}}{A}$$

Tangentialspannung

$$\tau = \frac{F_\mathrm{t}}{A}$$

Hookesches Gesetz – Dehnung

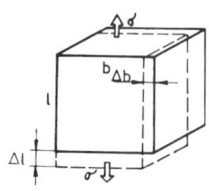

$$\frac{\Delta l}{l} = \frac{\sigma}{E}$$

σ Normalspannung, hier Zugspannung (F_n ist bei Dehnung von der Fläche weg gerichtet)

E Elastizitätsmodul (Materialkonstante)

l ursprüngliche Länge des Körpers

Δl elastische Längenänderung

Querkontraktion

$$\frac{\Delta b}{b} = -\mu\frac{\Delta l}{l}$$

l ursprüngliche Länge

Δl elastische Längenänderung

b ursprüngliche Breite (Dicke)

Δb elastische Breitenänderung

μ Poisson-Zahl (Materialkonstante)

Die Querkontraktion tritt im Zusammenhang mit der Dehnung auf (s. Bild bei Dehnung).

Kompression

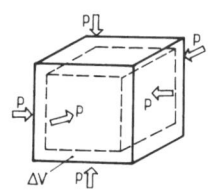

$$\frac{\Delta V}{V} = -\frac{p}{K}$$

V ursprüngliches Volumen

ΔV Volumenänderung

p Druck; wirkt die Normalspannung allseitig, so heißt sie Druck

K Kompressionsmodul (Materialkonstante)

Scherung

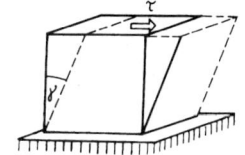

$$\gamma = \frac{\tau}{G}$$

M

τ Tangentialspannung, wird hier als Schubspannung bezeichnet

G Schubmodul (Materialkonstante)

γ Scherungswinkel

Bei isotropen Stoffen bestehen zwischen den Materialkonstanten folgende Zusammenhänge:

$$\frac{1}{K} = \frac{3(1-2\mu)}{E} \qquad \frac{1}{G} = \frac{2(1+\mu)}{E} \qquad 0 < \mu < \frac{1}{2}$$

Bereits durch zwei der vier elastischen Konstanten werden die elastischen Materialeigenschaften vollständig beschrieben.

Biegung eines Trägers – Biegungspfeil

$$\delta = \frac{1}{3} \frac{l^3}{EI} F$$

I Flächenmoment 2. Grades

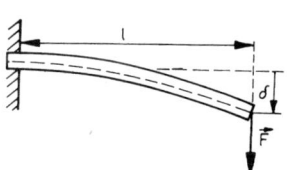

$$I = \int_A \eta^2 \, dA$$

E Elastizitätsmodul (Materialkonstante)

A Querschnittsfläche des Trägers

Torsion (Drillung) eines Zylinders

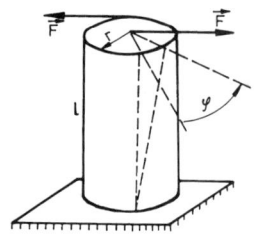

$$\varphi = \frac{2l}{\pi r^4 G} M_A$$

M_A verformendes Drehmoment
        $M_A = Fr$
G Schubmodul (Materialkonstante)

Knickung eines Stabes – Eulerscher Grenzwert

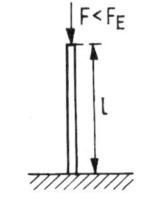

$$F_{\mathrm{E}} = \frac{\pi^2 EI}{l^2}$$

I Flächenmoment 2. Grades
E Elastizitätsmodul

Beim Überschreiten der Kraft F_{E} knickt der Stab nach der Seite aus.

16   Ruhende Flüssigkeiten und Gase

Druck

$$p = \frac{F}{A}$$

$$\mathrm{d}\vec{F} = p\,\mathrm{d}\vec{A}$$

F Kraft (Betrag); $\vec{F}$ Kraftvektor
A Angriffsfläche der Kraft
$\mathrm{d}\vec{A}$ infinitesimale Flächennormale (Vektor); $\mathrm{d}\vec{A}\|\mathrm{d}\vec{F}$

Schweredruck

$$p = \varrho g h$$

$$p_2 - p_1 = -\varrho g (z_2 - z_1)$$

$$\mathrm{d}p = -\varrho g \mathrm{d}z$$

p Schweredruck der Flüssigkeit; $p = p_1 - p_2$
$p_1 - p_2$ Schweredruck der Flüssigkeitssäule
z Koordinate; positiv nach oben
h Höhe der Flüssigkeitssäule; $h = z_2 - z_1$
ϱ Dichte der Flüssigkeit
g Fallbeschleunigung

Barometrische Höhenformel

$$p(z) = p_1 e^{-\varrho_0 g(z-z_1)/p_0}$$ (für konstante Temperatur)

z Koordinate; positiv nach oben
$p(z)$ aerostatischer oder pneumostatischer Druck in der Höhe z
p_1 Druck in der Höhe z_1 (unteres Ende der Gassäule)
p_0 Bezugsdruck; Druck in der Höhe z_0
ϱ_0 Dichte an der Stelle der Gassäule mit dem Druck p_0
g Fallbeschleunigung

Auftrieb

$$\vec{F}_A = -m_{Fl}\vec{g}$$

$\vec{F}_A$ Auftriebskraft oder Auftrieb
m_{Fl} Masse der verdrängten Flüssigkeit
$\vec{g}$ Fallbeschleunigungsvektor

> Die Auftriebskraft oder der Auftrieb greift an demjenigen Punkt des eingetauchten Körpers an, an dem sich der Schwerpunkt der noch nicht verdrängten Flüssigkeit befand. Der Auftrieb hat den Betrag der Gewichtskraft der verdrängten Flüssigkeit, jedoch die entgegengesetzte Richtung.

17   Strömung der idealen Flüssigkeit

Die ideale Flüssigkeit wird als strukturlos, inkompressibel und frei von innerer Reibung vorausgesetzt.

Gase können als inkompressibel angesehen werden, wenn die strömungsbedingten Druckunterschiede gegenüber dem Absolutwert des statischen Druckes klein sind.

Kontinuitätsgleichung

$$q_v = \frac{dV}{dt} = A_1 v_1 = A_2 v_2$$

q_v Stromstärke oder Volumenstrom
A Querschnitt der Stromröhre, der an den Stellen (1) und (2) verschieden sein kann
v_1, v_2 Geschwindigkeiten an diesen Stellen der Stromröhre; im jeweiligen ganzen Querschnitt wird die Geschwindigkeit als einheitlich aufgefaßt.

Ist q_v zeitlich konstant, so heißt die Strömung **stationär**.

Mechanische Arbeit

$$W = \int_V p \, dV$$

W Arbeit, die die Flüssigkeit oder das Gas nach außen abgibt

dV Änderung des Flüssigkeits- oder Gasvolumens
p statischer Druck
W' Arbeit, die die Flüssigkeit oder das Gas von außen emp-
fängt; $W' = -W$

M

Bernoullische Gleichung

$$p_1 + \varrho g z_1 + \frac{1}{2}\varrho v_1^2 = p_2 + \varrho g z_2 + \frac{1}{2}\varrho v_2^2 = \text{const}$$

oder

$$p + \varrho g z + \frac{1}{2}\varrho v^2 = p_{\text{ges}} = \text{const}$$

p statischer Druck
$\varrho g z$ potentielle Energie, dividiert durch Volumen; Druckgröße
$\varrho v^2/2$ Staudruck
p_{ges} Gesamtdruck

Sonderfall (Stromröhre horizontal; $z = z_0$):

$$p + \frac{1}{2}\varrho v^2 = p_{\text{ges}}$$

p statischer Druck
ϱ Dichte
v mittlere Geschwindigkeit
p_{ges} Gesamtdruck

18   Strömung realer Flüssigkeiten und Gase

Gesetz von Newton

$$F_{\text{R}} = \eta A \frac{dv}{dh}$$

F_R tangentiale Reibungskraft zwischen zwei aneinander grenzenden Flüssigkeits- oder Gasschichten der laminaren Strömung

η dynamische Viskosität oder Zähigkeit
A Grenzfläche zwischen den Schichten
$\dfrac{dv}{dh}$ Geschwindigkeitsgefälle (bzw. -anstieg) rechtwinklig zur Strömungsrichtung

oder

$$dF_R = \eta\, dA\, \frac{dv}{dh}$$

$$\tau = \eta\frac{dv}{dh}$$

τ Schubspannung; $\tau = dF_R/dA$

Gesetz von Hagen und Poiseuille für die laminare Strömung durch ein Rohr

$$F_R = 8\pi\eta l\bar{v}$$

F_R Reibungskraft, die bei der Strömung tangential auf die Wandfläche $A = 2\pi r l$ übertragen wird und die sich aus der Druckdifferenz Δp am Anfang und am Ende des betrachteten Rohrstückes der Länge l ergibt
l Länge des betrachteten Rohrstückes
$\bar{v}$ mittlere Geschwindigkeit, die sich aus Volumenstrom und Querschnittsfläche ergibt
η dynamische Viskosität

oder

$$\tau = \frac{16}{Re}\left(\frac{1}{2}\varrho\bar{v}^2\right)$$

τ Schubspannung an der Rohrwand; $\tau = F_R/(2\pi r l)$;
r Rohrradius
l Rohrlänge

$\frac{1}{2}\varrho\bar{v}^2$ Staudruck

ϱ Dichte des strömenden Mediums
Re Reynolds-Zahl; $Re = 2r\bar{v}\varrho/\eta$

M

Gesetz für die turbulente Strömung durch ein Rohr

$$\tau = \frac{0,0791}{\sqrt[4]{Re}}\left(\frac{1}{2}\varrho\bar{v}^2\right)$$

τ Schubspannung
Re Reynolds-Zahl
ϱ Dichte
$\bar{v}$ mittlere Geschwindigkeit

Wirbelentstehung bei $Re = 1\,100$;
turbulente Fließform bei $Re \geq 2\,300$

Gesetz von Stokes für die laminare Umströmung einer glatten Kugel

$$F_\mathrm{R} = 6\pi\eta r v$$

F_R Widerstandskraft in Strömungsrichtung
η dynamische Viskosität oder Zähigkeit der Flüssigkeit oder des Gases
r Kugelradius
v Geschwindigkeit des Mediums in großem Abstand von der Kugel

Das Gesetz gilt auch für die bewegte Kugel im ruhenden Medium. Dafür ist

v Geschwindigkeit der bewegten Kugel im weiträumigen Medium
F_R Widerstandskraft entgegen der Bewegungsrichtung

oder

$$F_{\mathrm{R}} = \frac{24}{Re} \left(\pi r^2 \right) \left(\frac{1}{2} \varrho v^2 \right)$$

Re Reynolds-Zahl; $Re = 2rv\varrho/\eta$

ϱ Dichte

πr^2 Kugelquerschnitt; dieser gilt als angeströmte Querschnittsfläche oder Stirnfläche

$\frac{1}{2} \varrho v^2$ Staudruck

Das Stokessche Gesetz gilt streng für sehr kleine Geschwindigkeiten; es gilt recht gut für $Re \leq 4$.

Gesetz für die turbulente Umströmung einer glatten Kugel

$$F_{\mathrm{R}} = cA \left(\frac{1}{2} \varrho v^2 \right)$$

F_{R} Widerstandskraft in Strömungsrichtung oder Antriebskraft für die Kugel zur Aufrechterhaltung ihrer Geschwindigkeit im ruhenden, weiträumigen Medium

ϱ Dichte der Flüssigkeit oder des Gases

A Kugelquerschnitt; $A = \pi r^2$; gilt als angeströmte Querschnittsfläche oder Stirnfläche

v Geschwindigkeit der Flüssigkeit in großem Abstand von der Kugel oder Geschwindigkeit der Kugel im ruhenden, weiträumigen Medium

c Widerstandsbeiwert; für $10^3 < Re < 10^5$ gilt $c \approx 0{,}4$. Im Bereich der Gültigkeit des Stokesschen Gesetzes gilt $c = 24/Re$.

Widerstandsgesetz von Newton für Körper von beliebiger Gestalt

$$F_{\mathrm{R}} = cA \left(\frac{1}{2} \varrho v^2 \right)$$

F_R Widerstandskraft
A größte Querschnittsfläche oder Stirnfläche des Körpers
c Widerstandsbeiwert; von der Form und der Oberflächenbe-
      schaffenheit des Körpers abhängig
ϱ Dichte der Flüssigkeit oder des Gases
v Strömungsgeschwindigkeit oder Geschwindigkeit des Kör-
      pers im ruhenden Medium

SCHWINGUNGEN UND WELLEN

19 Harmonische Schwingungen

Ort-Zeit-Funktion für die harmonische Schwingung einer Punktmasse

$$x = x_{\mathrm{m}}\cos(\omega_0 t + \alpha)$$

x Koordinate, Auslenkung, Elongation

x_{m} Amplitude

ω_0 Kreisfrequenz; $\omega_0 = 2\pi f = 2\pi/T$

f Frequenz

T Periodendauer

α Nullphasenwinkel

Δt zeitliche Verschiebung des Maximums der Kosinusfunktion gegenüber dem Zeitnullpunkt

Die Punktmasse ist häufig realisiert durch den Schwerpunkt des Körpers.

Ort-Zeit-Funktion für die harmonische Drehschwingung eines Körpers

$$\varphi = \varphi_{\mathrm{m}}\cos(\omega_0 t + \alpha)$$

φ Koordinate (Winkelauslenkung in bezug auf die Ruhelage bei gegebener Drehachse)

φ_{m} Amplitude

ω_0 Kreisfrequenz; $\omega_0 = 2\pi f = 2\pi/T$

α Nullphasenwinkel

Eine Drehschwingung eines Körpers liegt auch dann vor, wenn sich eine Punktmasse auf einem Kreisbogenstück periodisch bewegt.

Differentialgleichung für die harmonische Schwingung einer Punktmasse

$$\ddot{x} + \omega_0^2 x = 0$$

x Koordinate
$\ddot{x}$ Beschleunigung
ω_0 Kreisfrequenz

Diese Differentialgleichung beschreibt die Schwingung rein kinematisch, ohne Bezugnahme auf ein konkretes schwingungsfähiges System.

Differentialgleichung für die harmonische Drehschwingung eines Körpers

$$\ddot{\varphi} + \omega_0^2 \varphi = 0$$

φ Koordinate (Winkel)
$\ddot{\varphi}$ Winkelbeschleunigung
ω_0 Kreisfrequenz

Bewegungsgleichung für die harmonische Schwingung einer Punktmasse

$$m\ddot{x} + kx = 0$$

x Koordinate
$\ddot{x}$ Beschleunigung
m Masse
k Federkonstante
kx Kraft, mit der die Punktmasse in ihre Ruhelage bei $x_0 = 0$ gezogen wird.

Die Bewegungsgleichung (Newtonsches Grundgesetz der Mechanik) ist eine Differentialgleichung, die die harmonische Schwingung unter Bezugnahme auf die Größen m und k des schwingungsfähigen Systems beschreibt.

Bewegungsgleichung für die harmonische Drehschwingung eines Körpers

$$J_A\ddot{\varphi} + D\varphi = 0$$

φ Koordinate (Winkel)
$\ddot{\varphi}$ Winkelbeschleunigung
J_A Trägheitsmoment des Körpers in bezug auf die Drehachse (A)
D Richtmoment der Torsionsfeder
$D\varphi$ Drehmoment, mit dem der um den Winkel φ ausgelenkte Körper in seine Ruhelage zurückgedreht wird

Diese Bewegungsgleichung ist eine Differentialgleichung, die die harmonische Drehschwingung unter Bezugnahme auf die Größen J_A und D des schwingungsfähigen Systems beschreibt.

Periodendauer harmonischer Oszillatoren

Linearer Federschwinger oder Federpendel

$$T = 2\pi\sqrt{\frac{m}{k}}$$

T Periodendauer
m Masse des schwingenden Körpers (Punktmasse)
k Federkonstante

Drehpendel oder Torsionspendel

$$T = 2\pi\sqrt{\frac{J_A}{D}}$$

J_A Trägheitsmoment des Körpers in bezug auf die raumfeste Drehachse (A)
D Richtmoment der Torsionsfeder

Mathematisches Pendel ($\varphi \ll 1$ rad)

$$T = 2\pi\sqrt{\frac{l}{g}}$$

l Fadenlänge
g Fallbeschleunigung

Physikalisches Pendel ($\varphi \ll 1$ rad)

$$T = 2\pi\sqrt{\frac{J_A}{mgs}}$$

J_A Trägheitsmoment des Körpers in bezug auf die raumfeste Drehachse (A)
m Masse des schwingenden Körpers
g Fallbeschleunigung
s Abstand des Körperschwerpunktes von der Drehachse (A)

Mathematisches und physikalisches Pendel werden oft als **Schwerependel** oder einfach **Pendel** bezeichnet.

Elektrischer Schwingkreis

$$T = 2\pi\sqrt{LC}$$

L Induktivität
C Kapazität

Schwingende Größe (Koordinate) ist hierbei die elektrische Stromstärke oder die Spannung.

20   Gedämpfte Schwingungen

Ort-Zeit-Funktion für die gedämpfte Schwingung einer Punktmasse – Schwingfall

$$x = x_A e^{-\delta t} \cos(\omega t + \alpha)$$

x Koordinate, Auslenkung, Elongation

α Nullphasenwinkel

$x_A \cos \alpha$ Auslenkung zum Zeitpunkt $t = 0$

ω Kreisfrequenz

δ Abklingkonstante

Logarithmisches Dekrement

$$\Lambda = \ln \frac{x(t)}{x(t + T)} = \delta T$$

T Periodendauer

Ort-Zeit-Funktion für die gedämpfte Schwingung einer Punktmasse – aperiodischer Grenzfall

$$x = (A + Bt)e^{-\delta t}$$

A Auslenkung zum Zeitpunkt $t = 0$

B Konstante; $B - \delta A$ Geschwindigkeit zur Zeit $t = 0$

Differentialgleichung für die gedämpfte Schwingung einer Punktmasse

$$\ddot{x} + 2\delta\dot{x} + \omega_0^2 x = 0$$

x Ortskoordinate; $\dot{x}$ Geschwindigkeit; $\ddot{x}$ Beschleunigung

δ Abklingkonstante

ω_0 Kreisfrequenz des Oszillators bei Wegfall der Dämpfung

Diese Differentialgleichung beschreibt die gedämpfte Schwingung rein kinematisch, ohne Bezugnahme auf ein konkretes, schwingungsfähiges System.

Bewegungsgleichung für die gedämpfte Schwingung einer Punktmasse

$$m\ddot{x} + r\dot{x} + kx = 0$$

x Ortskoordinate; $\dot{x}$ Geschwindigkeit; $\ddot{x}$ Beschleunigung
m Masse
r Reibungskonstante
$r\dot{x}$ der Bewegung entgegengerichtete Reibungskraft
k Federkonstante
kx der Auslenkung aus der Ruhelage entgegengerichtete Federkraft

Diese Bewegungsgleichung (Newtonsches Grundgesetz der Mechanik) ist eine Differentialgleichung, die die gedämpfte Schwingung unter Bezugnahme auf die Größen m, r und k des schwingungsfähigen Systems beschreibt.

Zusammenhänge

zwischen den kinematischen Größen ω, ω_0 und δ, die den Zeitablauf der Bewegung beschreiben
und den Größen m, r und k, die die Struktur des schwingungsfähigen Systems kennzeichnen:

$$\omega^2 = \omega_0^2 - \delta^2$$
$$\omega_0^2 = \frac{k}{m}$$
$$\delta = \frac{r}{2m}$$
$$\omega = \sqrt{\frac{k}{m} - \left(\frac{r}{2m}\right)^2}$$

21   Erzwungene Schwingungen

Ort-Zeit-Funktion

für den eingeschwungenen Zustand des aus **Erreger** und **Resonator** bestehenden Systems

$$x = x_{\mathrm{m}}\cos(\omega t - \alpha)$$

x Koordinate (Auslenkung, Elongation) der Resonatorschwingung

x_{m} Amplitude der Resonatorschwingung

ω Kreisfrequenz der Schwingung, die dem Resonator vom Erreger aufgezwungen wird

α Phasendifferenz zwischen Resonator- und Erregerschwingung

Resonatoramplitude x_{m} und Phasendifferenz α sind nicht frei wählbar, sondern anhängig von der Erreger-Kreisfrequenz ω und von der Struktur des Systems.

Amplitude der Resonatorschwingung

$$x_{\mathrm{m}} = \frac{F_{\mathrm{m}}/m}{\sqrt{\left(\omega_0^2 - \omega^2\right)^2 + (2\omega\delta)^2}}$$

m Masse des Resonators

ω_0 Kreisfrequenz, die der Resonator haben würde, wenn er als Oszillator frei und ungedämpft schwingen könnte

ω Erreger-Kreisfrequenz

δ Abklingkonstante

F_{m} Amplitude der Erregerkraft

Interpretation der Größe F_{m}/m – Erreger außerhalb des Resonators

$$F_{\mathrm{m}}/m = k\xi_{\mathrm{m}}/m$$

k Federkonstante der Verbindung zwischen Erreger und Resonator

ξ_m Amplitude der Erregerschwingung

m Masse des Resonators

Interpretation der Größe F_m/m – Erreger innerhalb des Resonators

$$F_\mathrm{m}/m = \frac{m_2}{m_1 + m_2} \omega^2 \xi_\mathrm{m}$$

m Gesamtmasse; $m = m_1 + m_2$

m_2 Masse des Erregers

m_1 Masse des Resonators

ω Erreger-Kreisfrequenz

ξ_m Amplitude der Erregerschwingung

Phasendifferenz α zwischen Resonator- und Erregerschwingung

$$\tan \alpha = \frac{2\omega\delta}{\omega_0^2 - \omega^2}$$

ω Erreger-Kreisfrequenz

ω_0 Kreisfrequenz, die der Resonator haben würde, wenn er frei und ungedämpft als Oszillator schwingen könnte

δ Abklingkonstante

Differentialgleichung

für die Resonatorschwingung eines aus Erreger und Resonator bestehenden Systems

$$\ddot{x} + 2\delta\dot{x} + \omega_0^2 x = \frac{F_\mathrm{m}}{m} \cos \omega t$$

x Koordinate; $\dot{x}$ Geschwindigkeit; $\ddot{x}$ Beschleunigung

δ Abklingkonstante

ω_0 Kreisfrequenz, die der Resonator haben würde, wenn er als Oszillator frei und ungedämpft schwingen könnte

$F_\mathrm{m} \cos \omega t$ erregende Kraft (oder einfach „Erreger")

ω Kreisfrequenz, die dem Resonator durch die erregende Kraft aufgezwungen wird

Diese Differentialgleichung beschreibt nicht nur den eingeschwungenen Zustand, sondern auch Einschwingvorgänge – rein kinematisch, ohne Bezugnahme auf die konkrete Struktur des Systems.

Bewegungsgleichung – Erreger außerhalb des Resonators

$$m\ddot{x} + r\dot{x} + kx = k\xi_\mathrm{m} \cos \omega t$$

x Koordinate; $\dot{x}$ Geschwindigkeit; $\ddot{x}$ Beschleunigung

m Masse des Resonators

k Federkonstante der Verbindung zwischen Erreger und Resonator

ξ_m Amplitude der Erregerschwingung

ω Kreisfrequenz der Schwingung des Erregers, die dem Resonator aufgezwungen wird

Die Bewegungsgleichung (Newtonsches Grundgesetz der Mechanik) ist eine Differentialgleichung, die die erzwungene Schwingung des Resonators beschreibt unter Bezugnahme auf

– die die Struktur des Systems kennzeichnenden Größen m, r und k sowie auf

– die den Ablauf der Erregerschwingung darstellenden Größen ξ_m und ω.

Bewegungsgleichung – Erreger innerhalb des Resonators

$$m\ddot{x} + r\dot{x} + kx = m_2\omega^2\xi_\mathrm{m} \cos \omega t$$

x Koordinate; $\dot{x}$ Geschwindigkeit; $\ddot{x}$ Beschleunigung

m Summe aus der Masse m_1 des Resonators und der Masse m_2 des Erregers

m_2 Masse des Erregers

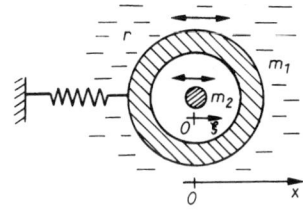

ξ_{m} Amplitude der Erregerschwingung

ω Kreisfrequenz der Schwingung des Erregers, die dem
Resonator aufgezwungen
wird

Die Bewegungsgleichung (Newtonsches Grundgesetz der Mecha-
nik) ist eine Differentialgleichung, die die erzwungene Schwingung des Resonators beschreibt unter Bezugnahme auf

- die die Struktur des Systems kennzeichnenden Größen m_1, m_2,
  r und k sowie auf
- die den Ablauf der Erregerschwingung darstellenden Größen
  ξ_{m} und ω.

Resonanzfrequenzen

Amplitudenresonanz (Maximum der Amplitude liegt vor) – Erreger außerhalb des Resonators:

$$\omega_{\mathrm{R}} = \sqrt{\omega_0^2 - 2\delta^2}$$

Geschwindigkeitsresonanz (Maximum der Geschwindigkeitsam-
plitude liegt vor) – Erreger außerhalb des Resonators:

$$\omega_{\mathrm{R}} = \omega_0$$

Beschleunigungsresonanz (Maximum der Beschleunigungsampli-
tude liegt vor) – Erreger außerhalb des Resonators:

$$\omega_{\mathrm{R}} = \sqrt{\omega_0^4/(\omega_0^2 - 2\delta^2)}$$

Amplitudenresonanz (Maximum der Amplitude liegt vor) – Erreger innerhalb des Resonators:

$$\omega_{\mathrm{R}} = \sqrt{\omega_0^4/(\omega_0^2 - 2\delta^2)}$$

ω_R Resonanz-Kreisfrequenz
ω_0 Kreisfrequenz, die der Resonator haben würde, wenn er als Oszillator frei und ungedämpft schwingen könnte
δ Abklingkonstante

22   Ebene Wellen

Wellenfunktionen – Wellenausbreitung in Richtung der x-Achse

Transversalwelle (Auslenkung η in y-Richtung):

$$\eta(t,x) = \eta_m \cos(\omega t \mp kx + \alpha)$$
$$= \eta_m \cos\left[2\pi\left(\frac{t}{T} \mp \frac{x}{\lambda}\right) + \alpha\right]$$

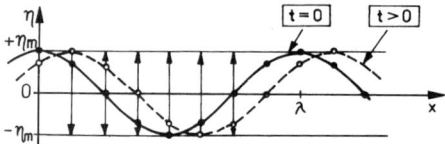

Transversalwelle (Auslenkung ζ in z-Richtung):

$$\zeta(t,x) = \zeta_m \cos(\omega t \mp kx + \alpha)$$

Da ζ und η einen rechten Winkel bilden, heißen die beiden Wellenzüge „rechtwinklig zueinander polarisiert". Jeder einzelne heißt **linear polarisiert**.

Longitudinalwelle (Auslenkung ξ in x-Richtung):

$$\xi(t,x) = \xi_m \cos(\omega t \mp kx + \alpha)$$

Longitudinalwellen sind nicht polarisierbar.

Ausbreitungsgeschwindigkeit, Phasengeschwindigkeit

$$c = \lambda f = \frac{\lambda}{T} = \frac{\omega}{k}$$

x Koordinate der Ruhelage des jeweiligen Teilchens im Medium, das von der Wellenerscheinung betroffen ist

η Elongation des Teilchens parallel zur y-Achse; da η und x einen rechten Winkel bilden, handelt es sich um eine Transversalwelle.

ζ Elongation des Teilchens parallel zur z-Achse; da ζ und x einen rechten Winkel bilden, handelt es sich auch hier um eine Transversalwelle.

ξ Elongation des Teilchens parallel zur x-Achse; da ξ und x parallel liegen, handelt es sich um eine Longitudinalwelle.

η_m, ζ_m, ξ_m Amplituden der Schwingungen der Teilchen

ω Kreisfrequenz der Schwingung jedes Teilchens; $\omega = 2\pi/T$

k Wellenzahl; $k = 2\pi/\lambda$; λ Wellenlänge

α Nullphasenwinkel

T Periodendauer der Schwingung jedes Teilchens

f Frequenz; $f = 1/T$

$\mp$ Das negative Vorzeichen von kx bzw. x/λ gilt für eine Welle, die in positiver x-Richtung fortschreitet.

Wellengleichung – Ausbreitung von Wellen in Richtung der x-Achse

$$\frac{1}{c^2}\frac{\partial^2 \eta}{\partial t^2} - \frac{\partial^2 \eta}{\partial x^2} = 0$$

c Phasengeschwindigkeit der Welle, abhängig von den elastischen Eigenschaften des Mediums; $c = \lambda/T = \omega/k$

Diese Wellengleichung ist eine partielle lineare Differentialgleichung zweiter Ordnung; ihre Lösungen $\eta(t,x)$ dürfen überlagert (superponiert) werden.

Stehende Wellen – Spezialfall der Überlagerung

$$\eta(t,x) = 2\eta_{\mathrm{m}} \cos\left(kx - \alpha_0/2\right) \cos\left(\omega t + \alpha_0/2\right)$$

α_0 Phasensprung (0 oder π) bei der Reflexion an der Stelle $x = 0$

$2\eta_{\mathrm{m}} \cos\left(kx - \alpha_0/2\right)$ ortsabhängige Amplitude der stehenden Welle

Die stehende Welle entsteht aus der Überlagerung von
einlaufender Welle

$$\eta_{\mathrm{e}}(t,x) = \eta_{\mathrm{m}} \cos\left(\omega t + kx\right)$$

und **reflektierter Welle**

$$\eta_{\mathrm{r}}(t,x) = \eta_{\mathrm{m}} \cos\left(\omega t - kx + \alpha_0\right)$$

23   Schallwellen

Schallwellen sind mechanische Wellen in elastischen Medien.

Schallgeschwindigkeit

Die kinematische Größe Schallgeschwindigkeit c ist bedingt durch diejenigen physikalischen Größen, die das elastische Verhalten des Mediums beschreiben.

In Gasen und Flüssigkeiten sind die Schallwellen longitudinal. In Festkörpern können sie auch transversal sein. Diese Orientierung der Schwingungsrichtung zur Ausbreitungsrichtung ist auch von Einfluß auf die Schallgeschwindigkeit.

Longitudinalwellen in Gasen

$$c = \sqrt{\kappa \frac{p}{\varrho}} = \sqrt{\kappa R' T}$$

c Schallgeschwindigkeit
κ Adiabatenexponent
p Druck

ϱ Dichte des Gases
R' massebezogene Gaskonstante
T absolute Temperatur

Longitudinalwellen in Flüssigkeiten

$$c = \sqrt{\frac{K}{\varrho}}$$

c Schallgeschwindigkeit
K Kompressionsmodul
ϱ Dichte der Flüssigkeit

Longitudinalwellen in allseitig weit ausgedehnten Festkörpern

$$c = \sqrt{\frac{E}{\varrho} \frac{1 - \mu}{(1 + \mu)(1 - 2\mu)}}$$

c Schallgeschwindigkeit
E Elastizitätsmodul
μ Poisson-Zahl
ϱ Dichte des Festkörpers

Longitudinalwellen in Festkörpern – dünne Stäbe

$$c = \sqrt{\frac{E}{\varrho}}$$

c Schallgeschwindigkeit
E Elastizitätsmodul
ϱ Dichte des Festkörpers

Transversalwellen in Festkörpern beliebiger Gestalt

$$c = \sqrt{\frac{G}{\varrho}}$$

c Schallgeschwindigkeit
G Schubmodul
ϱ Dichte des Festkörpers

Transversalwellen auf einer gespannten Saite

$$c = \sqrt{\frac{\sigma}{\varrho}} = \sqrt{\frac{F}{A\varrho}}$$

c Schallgeschwindigkeit
σ Zugspannung
F Zugkraft
A Querschnittsfläche der Saite
ϱ Dichte des Saitenmaterials

Schallfeldgrößen – longitudinale Wellen in Richtung der x-Achse

Schallausschlag oder Elongation

$$\xi(t,x) = \xi_{\mathrm{m}} \cos\left(\omega t - kx + \alpha\right)$$

ξ_{m} Amplitude des Schallausschlages
ω Kreisfrequenz; $\omega = 2\pi f = 2\pi/T$
k Wellenzahl; $k = 2\pi/\lambda$
α Nullphasenwinkel

Schallschnelle

$$v = \frac{\partial \xi}{\partial t}$$

Dichteänderung

$$\Delta\varrho = -\varrho\frac{\partial\xi}{\partial x}$$

ϱ Dichte des Mediums

Schalldruck (Schallwechseldruck oder Druckänderung)

$$\Delta p \equiv \Delta p_\mathrm{w} = \varrho c\frac{\partial\xi}{\partial t}$$

ϱ Dichte des Mediums
c Schallgeschwindigkeit

Schallstrahlungsdruck – Momentanwert

$$\Delta p_S = \varrho(\partial\xi/\partial t)^2$$
$$\overline{\Delta p_S} = \frac{1}{2}\varrho v_\mathrm{m}^2 = \bar{w}$$

$\overline{\Delta p_S}$ Schallstrahlungsdruck – Mittelwert
$\bar{w}$ Energiedichte
v_m Amplitude der Schallschnelle
ϱ Dichte des Mediums

Schallintensität, Schallstärke; Energiestromdichte – Mittelwert

$$\bar{I} = \frac{1}{2}\varrho v_\mathrm{m}^2 c = \bar{w}c$$

ϱ Dichte des Mediums
$\bar{w}$ Energiedichte
c Schallgeschwindigkeit
v_m Amplitude der Schallschnelle

Energiestromdichte – Momentanwert (Vektor)

$$I = \Delta p(t,x) \cdot \vec{v}(t,x)$$

$\Delta p(t,x)$ Schalldruck (Skalar)
$\vec{v}(t,x)$ Schallschnelle (Vektor)

Wellenwiderstand des Mediums

$$Z = \frac{\Delta p_{\mathrm{m}}}{v_{\mathrm{m}}} = \varrho c$$

Δp_{m} Amplitude des Schalldruckes
v_{m} Amplitude der Schallschnelle
ϱ Dichte des Mediums
c Schallgeschwindigkeit

Schalleistung – Mittelwert

$$\overline{P_{\mathrm{S}}} = \bar{I} A_{\mathrm{S}}$$

$\bar{I}$ Energiestromdichte – Mittelwert
A_{S} Fläche des Schallsenders

Schallpegel

$$L = 10 \lg \frac{\bar{I}}{I_0} \, \mathrm{dB}$$

$\bar{I}$ Intensität (objektiv meßbar) – Mittelwert
I_0 noch wahrnehmbare Intensität (vereinbarte Bezugsgröße);
$I_0 = 10^{-12} \mathrm{W/m^2}$

Lautstärke

$$L_{\mathrm{N}} = 10 \lg \frac{\overline{I'}}{I_0} \, \mathrm{phon}$$

$\overline{I'}$ subjektiv empfundene Intensität

Isophonen – Kurven gleicher Lautstärke

$\overline{I}(f)$-Diagramm (Schallstärke in W/m^2; Frequenz f in Hz bzw. kHz):

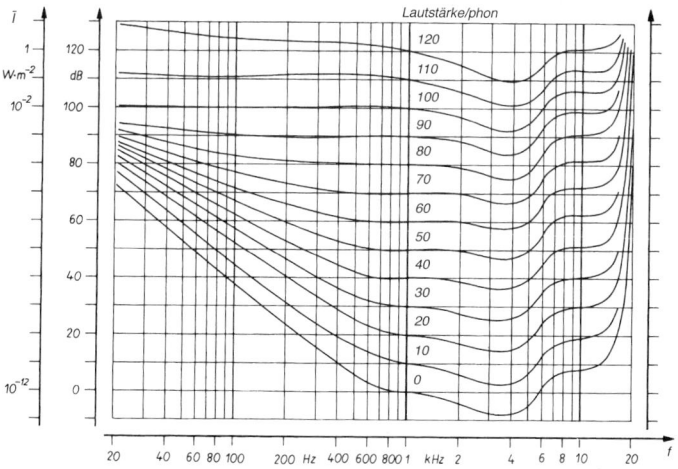

Dopplereffekt

Beobachter ruht; Schallquelle nähert sich dem Beobachter:

$$f' = \frac{f}{1 - (v/c)}$$

Schallquelle ruht; Beobachter nähert sich der Schallquelle:

$$f' = f[1 + (v'/c)]$$

Schallquelle und Beobachter bewegen sich auf derselben Geraden aufeinander zu:

$$f' = f\frac{1 + (v'/c)}{1 - (v/c)}$$

f Frequenz der Schallquelle
f' vom Beobachter wahrgenommene Frequenz
c Schallgeschwindigkeit im Medium
v Geschwindigkeit der Schallquelle gegenüber dem Medium
v' Geschwindigkeit des Beobachters gegenüber dem Medium

Ein Entfernen voneinander bedingt in allen Fällen einen Vorzeichenwechsel der Größen v und v'.

Mach-Kegel

$$\sin \alpha = c/v$$

α Winkel zwischen Achse und Mantellinie des Mach-Kegels, der sich hinter einer mit der Geschwindigkeit $v > c$ bewegten Schallquelle bildet
c Schallgeschwindigkeit

THERMODYNAMIK

24 Temperatur und thermische Ausdehnung

Celsius-Temperatur

$$\vartheta = T - T_0$$

T thermodynamische oder absolute Temperatur
T_0 Nullpunkt der Celsius-Skala; $T_0 = 273,15\,\text{K}$ (Definition)

Längenausdehnung

$$l = l_0(1 + \alpha\vartheta)$$

l Länge eines festen Körpers bei der Temperatur ϑ
l_0 Länge des Körpers bei $\vartheta_0 = 0\,°\text{C}$
α thermischer Längenausdehnungskoeffizient

Volumenausdehnung

$$V = V_0(1 + \gamma\vartheta)$$

V Volumen eines festen Körpers, einer Flüssigkeit oder eines Gases bei der Temperatur ϑ
V_0 Volumen bei $\vartheta_0 = 0\,°\text{C}$
γ thermischer Volumenausdehnungskoeffizient

25 Kalorimetrie

Wärmeaufnahme (-abgabe) bei Temperaturänderung

$$Q = mc\Delta T$$

Q Wärme, die ein Körper aufnimmt oder abgibt
ΔT Erhöhung oder Erniedrigung seiner Temperatur

m	Masse des Körpers

m Masse des Körpers
c spezifische Wärmekapazität
mc Wärmekapazität; $mc = C$

Wärmeaufnahme (-abgabe) bei Phasenumwandlung

$$Q = mq$$

m Masse
q spezifische Umwandlungswärme

Wärmebilanz in einem abgeschlossenen System

$$\Sigma Q_{\text{auf}} = \Sigma Q_{\text{ab}}$$

ΣQ_{auf} Wärme, die die kühleren Körper im System aufnehmen
ΣQ_{ab} Wärme, die die wärmeren Körper im System abgeben

26   Wärmeausbreitung

Wärmeleitung bei stationärem Temperaturfeld

$$\dot{Q} = \lambda \frac{A}{l} \Delta T$$

$\dot{Q}$ Wärmestrom
λ Wärmeleitfähigkeit
A Querschnittsfläche des Wärmeleiters
l Länge des Wärmeleiters
ΔT Temperaturdifferenz zwischen den parallelen Endflächen des Leiters

Wärmeübergang

$$\dot{Q} = \alpha A \Delta T$$

$\dot{Q}$ Wärmestrom

α Wärmeübergangskoeffizient
A Berührungsfläche zwischen zwei Wärmeleitern
ΔT Temperaturdifferenz zwischen den beiden Seiten der Berührungsfläche

Wärmedurchgang

$$\dot{Q} = kA\Delta T$$

$$\text{mit} \quad k = [\Sigma(l_i/\lambda_i) + \Sigma(1/\alpha_j)]^{-1}$$

$\dot{Q}$ Wärmestrom durch eine aus mehreren Wärmeleitern geschichtete Wand
k Wärmedurchgangskoeffizient
A übereinstimmende Wärmeleiter-Querschnittsflächen
ΔT Temperaturdifferenz zwischen den Außenflächen der Wand
l_i Schichtdicken der numerierten Wärmeleiter, $i = 1, 2, \ldots, N$
λ_i ihre Wärmeleitfähigkeiten
α_j Wärmeübergangskoeffizienten der Berührungsflächen der Wärmeleiter einschließlich der normalerweise an Luft grenzenden Außenflächen, $j = 1, 2, \ldots, N, \ N + 1$

Wärmeleitung bei nichtstationärem Temperaturfeld – Wärmeleitungsgleichung

$$a\frac{\partial^2 T}{\partial x^2} = \frac{\partial T}{\partial t}$$

T Temperatur; ∂T ihr Differential (partielle Ableitungen)
x Koordinate (Temperaturunterschiede nur in Richtung der x-Achse)
t Zeit
a Temperaturleitfähigkeit; $a = \lambda/(\varrho c)$
λ Wärmeleitfähigkeit
ϱ Dichte des Wärmeleiters
c spezifische Wärmekapazität

27   Wärmestrahlung

Stefan-Boltzmannsches Gesetz

$$\dot{q} = \sigma \varepsilon T^4$$

$\dot{q}$ Gesamtstrahlungsleistung, die die Flächeneinheit des Strahlers in den Halbraum aussendet

σ Stefan-Boltzmann-Konstante

ε von der Wellenlänge unabhängiger Absorptionsgrad des grauen Körpers; $0 < \varepsilon < 1$; für den schwarzen Körper ist $\varepsilon = 1$

T absolute Temperatur

Kirchhoffsches Gesetz

> Bei jeder Temperatur ist für alle Körper der Absorptionsgrad gleich dem Emissionsgrad; das gilt auch für jeden spektralen Bereich.

Strahlungsaustausch zweier Flächen

$$\dot{Q}_{12} = A_1 C_{12}(T_1^4 - T_2^4)$$

$\dot{Q}_{12}$ Wärmestrom von der grauen Fläche A_1 zur grauen Fläche A_2

T_1, T_2 Temperaturen der Fläche A_1 bzw. der Fläche A_2

C_{12} wirksamer Strahlungskoeffizient;

$$C_{12} = \frac{\sigma}{1/\varepsilon_1 + 1/\varepsilon_2 - 1}$$

(gültig nur für A_1 und A_2 in sehr geringem Abstand)

oder

$$C_{12} = \sigma \varepsilon_1$$

(gültig nur für $A_1/A_2 \ll 1$ und A_2 umhüllt A_1)

28   Zustandsänderungen des idealen Gases und Erster Hauptsatz

Thermische Zustandsgleichung unter Verwendung der

spezifischen Gaskonstante R':	molaren Gaskonstante R:

$$pV = mR'T$$

oder

$$pv = R'T$$ $$pV_\mathrm{m} = RT$$

oder

$$p = \varrho R'T$$ $$p = c\,RT$$

p Druck	p Druck
V Volumen	V Volumen
m Masse	n Stoffmenge
v spezifisches Volumen; $\quad v = \dfrac{V}{m}$	V_m molares Volumen $\quad V_\mathrm{m} = \dfrac{V}{n}$
ϱ Dichte; $\varrho = \dfrac{m}{V}$	c Stoffmengenkonzentration; $c = \dfrac{n}{V}$
T absolute Temperatur	T absolute Temperatur

ohne Verwendung von R und R':

$$\frac{pV}{T} = \text{const} \quad \text{oder} \quad \frac{p_1 V_1}{T_1} = \frac{p_2 V_2}{T_2} = \cdots$$

Kalorische Zustandsgleichung

$$U = mc_V T \qquad \mathrm{d}U = mc_V \mathrm{d}T$$

U innere Energie
c_V spezifische Wärmekapazität bei konstantem Volumen
m Masse des Gases

Enthalpie

$$H = U + pV$$

Für beliebige Zustandsänderungen:

$$H_2 - H_1 = U_2 - U_1 + p_2 V_2 - p_1 V_1$$

U innere Energie
p Druck
V Volumen

Entropie

$$dS = \left(\frac{dQ}{T} \right)$$

$$S_2 - S_1 = \int\limits_1^2 \left(\frac{dQ}{T} \right)$$

dQ/T reduzierte Wärme
rev   Index bedeutet: Gleichung gilt nur, wenn der Prozeß reversibel und quasistatisch abläuft.

Für beliebige Zustandsänderungen:

$$S_2 - S_1 = m c_V \ln(T_2/T_1) + m R' \ln(V_2/V_1)$$

Für den adiabatischen Prozeß:

$$S = \text{const}; \quad dS = 0$$

Erster Hauptsatz der Thermodynamik

$$U - U_0 = Q + W' \qquad dU = dQ + dW'$$

$$Q = \Delta U + W \qquad dQ = dU + dW = dH - V dp$$

U innere Energie des Systems

U_0	Ausgangswert der inneren Energie für den nachfolgenden Prozeß		
ΔU	Änderung der inneren Energie; $\Delta U = U - U_0$		
Q	Wärme, die dem System von außen zugeführt wird		
W'	Arbeit, die dem System von außen zugeführt wird		
W	Arbeit, die das System nach außen abgibt; $W = -W'$		
H	Enthalpie		

Spezielle Zustandsänderungen

Bedingungen	Name der Zustands- änderung	Zusammenhang der Zustands- variablen	Erster Hauptsatz
$V = \text{const}$	isochor	$p/T = \text{const}$	$\mathrm{d}Q = \mathrm{d}U$
$p = \text{const}$	isobar	$V/T = \text{const}$	$\mathrm{d}Q = \mathrm{d}H$
$T = \text{const}$	isotherm	$pV = \text{const}$	$\mathrm{d}Q = \mathrm{d}W$
$S = \text{const}; Q = 0$	adiabatisch	$pV^{\kappa} = \text{const}$	$\mathrm{d}U = -\mathrm{d}W$
$Q/W' = a < 1$	polytrop	$pV^n = \text{const}$	$\mathrm{d}Q = \mathrm{d}U + \mathrm{d}W$

p	Druck
V	Volumen
T	Temperatur
Q	von außen dem Gas zugeführte Wärme
W	mechanische Arbeit, die das Gas verrichtet (nach außen abgibt)
W'	mechanische Arbeit, die von außen dem Gas zugeführt wird
c_p	spezifische Wärmekapazität bei konstantem Druck
c_V	spezifische Wärmekapazität bei konstantem Volumen
κ	Adiabatenexponent; $\kappa = c_p/c_V > 1$
n	Polytropenexponent; $\kappa > n > 1$
a	in Verlustwärme verwandelter Anteil an zugeführter Arbeit; $a = \dfrac{(n-1)c_V}{R'}$

H Enthalpie
S Entropie

Spezifische Gaskonstante

$$R' = c_p - c_V$$

Zusammenstellung

Prozeßgrößen	**Zustandsgrößen**	
W, W' Arbeit	p Druck	U innere Energie
Q Wärme	V Volumen	H Enthalpie
	T Temperatur	S Entropie

29   Carnotscher Kreisprozeß und Zweiter Hauptsatz

Carnotscher Kreisprozeß

Wirkungsgrad der idealen Wärmekraftmaschine

$$\eta = (Q_h + Q_t)/Q_h = (T_h - T_t)/T_h < 1$$

Leistungsverhältnis der Wärmepumpe

$$\varepsilon_W = |Q_h|/(|Q_h| - |Q_t|) = T_h/(T_h - T_t)$$

Leistungsverhältnis der Kältemaschine

$$\varepsilon_K = |Q_t|/(|Q_h| - |Q_t|) = T_t/(T_h - T_t)$$

T_h absolute Temperatur des einen Wärmebehälters (hohe Temperatur)
T_t absolute Temperatur des anderen Wärmebehälters (tiefe Temperatur)
$Q_h > 0$ Wärme, die vom Wärmebehälter hoher Temperatur dem Gas zugeführt wird
$Q_t < 0$ Wärme, die vom Gas an den Wärmebehälter tiefer Temperatur abgegeben wird

Zweiter Hauptsatz der Thermodynamik

> Es ist unmöglich, eine periodisch arbeitende Maschine zu konstruieren, die während einer vollen Periode weiter nichts bewirkt, als einem Behälter dauernd Wärme zu entziehen und mechanische Arbeit zu leisten. Eine solche unmögliche Maschine heißt **Perpetuum mobile zweiter Art**.

oder

> Wärme kann nie von selbst von einem Körper tieferer Temperatur auf einen Körper höherer Temperatur übergehen.

oder

> Für abgeschlossene Systeme gilt
> $dS = 0$, wenn das thermodynamische Gleichgewicht erreicht ist oder wenn nur reversible Prozesse ablaufen;
> $dS > 0$, wenn im System irreversible Prozesse ablaufen.

GASKINETIK

30 Mikrophysikalische Betrachtung des Gases

Teilchenmasse

$$\mu = 1/N_A' = M_r \, \text{kg}/(N_A \cdot \text{kmol})$$

Dichte

$$\varrho = \mu n$$

M_r	relative Molekülmasse
N_A	Avogadrosche Konstante
N_A'	auf die molare Masse bezogene Avogadrosche Konstante
n	Teilchenzahldichte; $n = N/V$
N	Teilchenzahl
V	Volumen

Relative Häufigkeit

$$\frac{\mathrm{d}N}{N} = w(v)\mathrm{d}v \qquad w(v) = \frac{\mathrm{d}N/N}{\mathrm{d}v}$$

N	Gesamtteilchenzahl
$\mathrm{d}N$	Anzahl der Teilchen im Geschwindigkeitsintervall zwischen v und $v + \mathrm{d}v$
v	Teilchengeschwindigkeit
$\mathrm{d}v$	Geschwindigkeitsintervall

Normierungsbedingungen für $w(v)$:

$$\int\limits_0^\infty w(v)\mathrm{d}v = 1$$

Maxwellsche Geschwindigkeitsverteilung

$$w(v) = \sqrt{\frac{8\mu}{\pi kT}} \cdot \frac{\mu v^2}{2kT} \cdot e^{-\mu v^2/(2kT)}$$

$w(v)$ Dichte der relativen Häufigkeit der Teilchengeschwindig-
keiten oder Wahrscheinlichkeitsdichte
v Teilchengeschwindigkeit
μ Teilchenmasse
k Boltzmann-Konstante; $k = R'\mu$
T absolute Temperatur
R' spezifische Gaskonstante

Wahrscheinlichste Geschwindigkeit

$$v_w = \sqrt{\frac{2kT}{\mu}}$$

G

Mittlere Geschwindigkeit

$$\bar{v} = \sqrt{\frac{8kT}{\pi\mu}}$$

Mittelwerte der Geschwindigkeitsquadrate

$$\overline{v^2} = \frac{3kT}{\mu}$$

kT/μ spezifische Energie (häufig auftretende Größe); $kT/\mu = R'T$

Teilchenstrom auf die Gefäßwand

$$\frac{dN}{dt} = \frac{1}{4}n\bar{v}A$$

n Teilchenzahldichte
$\bar{v}$ mittlere Geschwindigkeit
A vom Teilchenstrom getroffenes Flächenstück der Gefäßwand
$\mathrm{d}N/\mathrm{d}t$ Teilchenstromstärke: $\mathrm{d}N/\mathrm{d}t = \dot{N} = n\dot{V} = \dot{m}/\mu$
$\dot{m}$ Massenstrom

Mittlere Stoßfrequenz

$$f_S = n \cdot \sqrt{2}\bar{v} \cdot A_0$$

Mittlere freie Weglänge

$$\Lambda = \frac{\bar{v}}{f_S} = \frac{1}{\sqrt{2}A_0 n} = \frac{kT}{\sqrt{2}A_0 p}$$

n Teilchenzahldichte
$\sqrt{2}\bar{v}$ mittlere Relativgeschwindigkeit von Teilchen der mittleren
      Geschwindigkeit $\bar{v}$
A_0 Wirkungsquerschnitt; $A_0 = \pi(r_1 + r_2)^2$
r_1, r_2 Radien der kugelförmig gedachten Stoßpartner
p Druck

31   Verknüpfung zwischen mikro- und makrophysikalischen Größen

Druck

$$p = \frac{1}{3}\mu n\overline{v^2} = nkT$$

Mittlere kinetische Energie der Translation eines Teilchens

$$\overline{E_k} = \frac{1}{2}\mu\overline{v^2} = \frac{3}{2}kT$$

Gleichverteilungssatz

> Auf einen Freiheitsgrad der Teilchenbewegung entfällt im Mittel der Energiebetrag $kT/2$.

Innere Energie

$$U = N\frac{f}{2}kT$$

Spezifische Wärmekapazität bei isochorem Prozeß

$$c_V = \frac{fk}{2\mu} = \frac{f}{2}R'$$

G

μ	Teilchenmasse
$\overline{v^2}$	Mittelwert der Geschwindigkeitsquadrate
k	Boltzmann-Konstante
N	Anzahl der Teilchen
f	Anzahl der Freiheitsgrade
R'	spezifische Gaskonstante
T	absolute Temperatur

ELEKTRIZITÄT UND MAGNETISMUS

32   Gleichstromkreis

Elektrische Stromstärke, elektrische Ladung

$$I = \frac{\mathrm{d}Q}{\mathrm{d}t}$$

$$Q = \int_{t_1}^{t_2} I\,\mathrm{d}t$$

Q elektrische Ladung, in der Zeit $\Delta t = t_2 - t_1$ transportiert; $Q = \pm Ne$; N Anzahl der Ladungsträger; e Elementarladung

I Stromstärke (Strom als Transport positiver Ladungsträger; Elektronen bewegen sich in entgegengesetzter Richtung)

Sonderfall (konstante Stromstärke):

$$I = \frac{Q}{t}$$

Elektrische Stromdichte

$$j = \frac{I}{A}$$

A Querschnittsfläche, normal zur Bewegungsrichtung der Ladungsträger

Elektrischer Widerstand – Definition

$$R = \frac{U}{I}$$

U Spannung, die am Leiter abfällt
I Stromstärke im Leiter

Elektrischer Widerstand – Bemessungsgleichung

$$R = \varrho \frac{l}{A} = \frac{l}{\sigma A}$$

ϱ spezifischer Widerstand

σ Leitfähigkeit; $\sigma = \dfrac{1}{\varrho}$

l Länge des Leiters
A Querschnittfläche des Leiters

Ohmsches Gesetz

Spannung und Stromstärke sind bei metallischen Leitern und bei verschiedenen anderen elektrischen Leitern bei konstanter Temperatur einander proportional.

$$R = \frac{U}{I} = \text{const}$$

E

Elektrischer Leitwert

$$G = \frac{1}{R}$$

R elektrischer Widerstand

Warmwiderstand

$$R_w = R_k(1 + \alpha \Delta \vartheta)$$

R_k Kaltwiderstand bei 20 °C
α Widerstands-Temperaturkoeffizient; Temperaturbeiwert
$\Delta \vartheta$ Temperaturänderung

Elektrische Leistung

$$P = UI = RI^2 = \frac{U^2}{R}$$

Elektrische Arbeit

$$W = QU$$

$$W = \int_{t_1}^{t_2} P\,\mathrm{d}t$$

Q elektrische Ladung
P elektrische Leistung während der Zeit $\Delta t = t_2 = t_1$

Sonderfall (konstante Stromstärke):

$$W = UIt = RI^2t = \frac{U^2}{R}t = Pt$$

Kirchhoffsche Gesetze

In einem Knoten ist die Summe der zufließenden und abfließenden Ströme gleich null.

$$\sum_k I_k = 0$$ **Knotenpunktsatz**

$k = 1, 2, \ldots, N$
Abfließende Ströme sind dabei negativ.

Andere Schreibweise:

$$\Sigma I_{\mathrm{zu}} = \Sigma I_{\mathrm{ab}}$$

I_{zu} zum Knotenpunkt hinfließende Ströme
I_{ab} vom Knotenpunkt abfließende Ströme
(Beide Stromstärken sind hier positiv.)

> In einer Masche ist die Summe der Urspannungen gleich
> der Summe der Spannungsabfälle.

$$\sum_m U_{em} = \sum_k R_k I_k$$ **Maschensatz**

$m = 1, 2, \ldots, M$ $k = 1, 2, \ldots, N$ $R_k I_k = U_k$

U_{em} Urspannungen, eingeprägte Spannungen, elektromotorische
      Kräfte
R_k Widerstände
I_k elektrische Stromstärken
U_k Spannungsabfälle

E

Zählrichtung der Spannungsquelle: $\overrightarrow{\underset{+\ \ -}{\dashv\vdash}}$; Umlaufsinn der Masche und Zählrichtung der Ströme willkürlich

Schaltungen von Widerständen

Reihenschaltung:

$$R = \sum_k R_k$$ $U = \sum_k U_k$ $I_1 = I_2 = \cdots = I$

Es gilt die Spannungsteilerregel:

> Die Spannungen verhalten sich wie die Widerstände
> ($U \sim R$).

Parallelschaltung:

$$\frac{1}{R} = \sum_k \frac{1}{R_k} \qquad I = \sum_k I_k \qquad U_1 = U_2 = \cdots = U$$

$$G = \sum_k G_k$$

Es gilt die Stromteilerregel:

> Die Stromstärken verhalten sich umgekehrt wie die Widerstände $\left(I \sim \dfrac{1}{R} \right)$.

R_k, U_k, I_k, G_k Einzelwiderstand, Teilspannung, Teilstromstärke, Einzelleitwert

$k = 1, 2, \ldots, N$

R, U, I, G Gesamt-Widerstand, -Spannung, -Stromstärke, -Leitwert

Klemmenspannung

$$U_k = U_\mathrm{e} - R_\mathrm{i} I$$

U_e Urspannung der Spannungsquelle
R_i Innenwiderstand der Spannungsquelle
I Stromstärke im Innenwiderstand und damit auch im gesamten Grundstromkreis

Grundstromkreis: Reihenschaltung von Spannungsquelle mit Innenwiderstand und Außenwiderstand

> Die Klemmenspannung U_k ist stets kleiner als die Urspannung U_e, da über den Innenwiderstand der Spannungsquelle ein Teil der Spannung bereits abfällt.

Verhältnis der Spannungen im Grundstromkreis:

$$\frac{U_k}{U_e} = \frac{R_a}{R_a + R_i}$$

R_a Außenwiderstand, Arbeitswiderstand

Der Außenwiderstand kann in diesem Grundstromkreis der Ersatzwiderstand (oder Gesamtwiderstand) einer komplizierten Schaltung von mehreren Widerständen sein.

Sonderfälle:

Kurzschluß: $R_a \rightarrow 0$; Kurzschlußstrom $I_K = \dfrac{U_e}{R_i}$

Leerlauf: $R_a \rightarrow \infty$; Leerlaufspannung $U_L = U_e$

Anpassung: $R_a = R_i$; maximale Leistungsabgabe $P_{max} = \dfrac{U_e^2}{4R_a}$

Meßbereicherweiterung

Vorwiderstand für einen Spannungsmesser:

$$R_v = (n - 1)R_I$$

Parallelwiderstand für einen Strommesser:

$$R_p = \frac{R_I}{n - 1}$$

n Faktor der Meßbereicherweiterung
R_I Instrumentenwiderstand

Ladungstransport in Flüssigkeiten – Elektrolyse

(Faradaysche Gesetze)

$$m = \alpha Q = \alpha I t$$

Q elektrische Ladung, die in der Zeit t fließt
I konstante Stromstärke
m an der Katode abgeschiedene Masse
α elektrochemisches Äquivalent; $\alpha = \dfrac{1}{zF}$
z Wertigkeit
F Faraday-Konstante

33 Elektrisches Feld

Kraftgesetz

$$\vec{F} = Q\vec{E}$$

$\vec{F}$ Kraft, die das elektrische Feld auf eine elektrische Ladung ausübt. (Die Ladung Q muß so klein sein, daß sie das vorhandene elektrische Feld nicht wesentlich verändert; Probeladung.)
$\vec{E}$ elektrische Feldstärke am Ort der Ladung Q

Elektrische Feldstärke – Definition auf Grund ihrer Wirkung

$$\vec{E} = \frac{\vec{F}}{Q}$$

$\vec{F}$ Kraft, die das elektrische Feld ($\vec{E}$) auf eine Probeladung Q ausübt

Elektrische Feldstärke – Definition auf Grund ihrer Ursache

$$\vec{E} = \frac{Q_1}{4\pi\varepsilon_0 r^2}\,\vec{e}_r$$

Q_1 felderzeugende Punktladung
ε_0 elektrische Feldkonstante

r Betrag des Ortsvektors; Abstand zwischen dem Ort, an dem die Feldstärke $\vec{E}$ herrscht, und der Punktladung

Eine zweite Punktladung Q_2 erfährt in diesem Feld die Kraft

$$\vec{F} = \frac{Q_1 Q_2}{4\pi\varepsilon_0 r^2}\vec{e}_r \qquad \textbf{Coulombsches Gesetz}$$

Q_2 entspricht einer Probeladung

Elektrische Spannung, Potentialdifferenz

$$U = -\int\limits_{\vec{r}_1}^{\vec{r}_2} \vec{E}\cdot d\vec{r} = -\int\limits_{s_1}^{s_2} E_s ds = \Delta\varphi$$

U Spannung zwischen dem Ort (1) und dem Ort (2) im elektrischen Feld
$\vec{E}$ Vektor der elektrischen Feldstärke
E_s Betrag der Komponente des Vektors $\vec{E}$ in Wegrichtung
$\vec{r}$ Ortsvektor
s_1, s_2 Wegstrecken; $ds = |d\vec{r}|$
$\Delta\varphi$ Potentialdifferenz

$$\Delta\varphi = \varphi_1 - \varphi_2 = -\int\limits_{s_1}^{s_2} E_s ds$$

φ Potential

Sonderfall (homogenes elektrisches Feld; $E = $ const; $s_1 = 0$; $s_2 = l$):

$$U = El$$

Potentielle Energie einer Ladung

$$E_{\mathrm{p}} = QU$$

U Spannung zwischen dem Ort des Bezugsniveaus der potentiellen Energie und dem Ort der Ladung Q

Sonderfall (Elektron im elektrischen Feld; $Q = -e$):

$$E_{\mathrm{p}} = -eU$$

U Spannung; $U < 0$, wenn $E_{\mathrm{p}} = 0$ am Ort des negativen Pols; $U > 0$, wenn $E_{\mathrm{p}} = 0$ am Ort des positiven Pols
e Elementarladung

Elektrische Verschiebung

$$\vec{D} = \varepsilon_0 \varepsilon_r \vec{E}$$

$$\vec{D} = \varepsilon_0 \vec{E} + \vec{P}$$

$\vec{E}$ elektrische Feldstärke
ε_0 elektrische Feldkonstante
ε_r Dielektrizitätszahl (Permittivitätszahl)
$\vec{P}$ Polarisation; $\vec{P} = \chi_{\mathrm{el}} \varepsilon_0 \vec{E}$
χ_{el} elektrische Suszeptibilität; $\chi_{\mathrm{el}} = \varepsilon_r - 1$

(Stoffe werden im elektrischen Feld polarisiert; es treten Scheinladungen auf.)
Isotropes Dielektrikum ist Voraussetzung für die Gültigkeit der Gleichung.

Sonderfall (Vakuum; $\vec{P} = 0$):

$$\vec{D} = \varepsilon_0 \vec{E}$$

Zusammenhang von Verschiebung und felderzeugender Ladung:

$$\oint D_n \mathrm{d}A = Q$$

D_n Betrag der Komponente des Verschiebungsvektors in Normalenrichtung des Flächenelements dA einer geschlossenen Fläche um die felderzeugende Ladung Q

> Die Quellen der Verschiebungslinie sind die wahren Ladungen.

Sonderfall (Punktladung):

$$DA = Q$$

A Kugeloberfläche (um die Ladung) mit beliebigem Radius r; $A = 4\pi r^2$

Elektrische Kapazität – Definition

$$C = \frac{Q}{U}$$

> Der Quotient von Ladung Q und Spannung U wird elektrische Kapazität C genannt.

E

Elektrische Kapazität – spezielle Leiteranordnungen

Plattenkondensator $\quad C = \varepsilon_r \varepsilon_0 \, \dfrac{A}{d}$

Kugelkondensator $\quad C = 4\pi\varepsilon_0 r$

Zylinderkondensator $\quad C = \dfrac{2\pi\varepsilon_0 l}{\ln \dfrac{r_2}{r_1}}$

ε_0 elektrische Feldkonstante
ε_r Dielektrizitätszahl (Permittivitätszahl)
A Fläche einer Platte
d Plattenabstand

l Länge des Zylinders
r, r_1, r_2 Radius, Innenradius, Außenradius

Schaltungen von Kondensatoren

Reihenschaltung:

$$\frac{1}{C} = \sum_k \frac{1}{C_k} \qquad U = \sum_k U_k$$

Parallelschaltung:

$$C = \sum_k C_k \qquad U_1 = U_2 = \cdots = U$$

C Gesamtkapazität, Ersatzkapazität
U Gesamtspannungsabfall
C_k Einzelkapazität; $k = 1, 2, \ldots, N$
U_k Spannungsabfall über dem k-ten Kondensator

Kapazitätserhöhung durch Dielektrikum

$$C = \varepsilon_r C_0$$

C Kapazität des völlig mit Dielektrikum (isolierender Stoff)
      gefüllten Kondensators
ε_r Dielektrizitätszahl, Permittivitätszahl
C_0 Kapazität des „leeren" Kondensators (Vakuum oder Luft
      zwischen den Leitern)

Energie des elektrischen Feldes

$$E_{el} = \frac{1}{2} E D V$$

E elektrische Feldstärke
D elektrische Verschiebung
V Volumen des betrachteten Raumes

34   Magnetisches Feld

Durchflutungsgesetz

$$I = \oint \vec{H} d\vec{r} = \oint_s H_s ds \qquad |d\vec{r}| = ds$$

I elektrische Stromstärke des felderzeugenden Stromes
$\vec{H}$ magnetische Feldstärke
$\vec{r}$ Ortsvektor
s geschlossener Weg um den stromdurchflossenen Leiter

> Das Wegintegral der magnetischen Feldstärke über einen geschlossenen Weg ist gleich der vom Integrationsweg umschlossenen elektrischen Stromstärke.

E

Magnetische Feldstärke

im Innern einer langen Spule

$$H = \frac{NI}{l}$$

außerhalb eines geraden langen Leiters

$$H = \frac{I}{2\pi r}$$

N Anzahl der Windungen
I elektrische Stromstärke
l Länge der Spule
r Abstand des Ortes, an dem die Feldstärke den Wert H hat, von der Achse des Leiters

Magnetische Flußdichte, Induktion

$$\vec{B} = \mu_0 \mu_r \vec{H}$$

$$\vec{B} = \mu_0 \vec{H} + \vec{M}$$

$\vec{H}$ magnetische Feldstärke
μ_0 magnetische Feldkonstante
μ_r Permeabilitätszahl
$\vec{M}$ Magnetisierung; $\vec{M} = \mu_0 \chi_{\text{magn}} \vec{H}$
χ_{magn} magnetische Suszeptibilität; $\chi_{\text{magn}} = \mu_r - 1$

(Stoffe werden im Magnetfeld magnetisiert: $\chi_{\text{magn}} > 0$; einige Stoffe werden entmagnetisiert: $\chi_{\text{magn}} < 0$)

Magnetischer Fluß

$$\Phi = \int B_n \mathrm{d}A = \int B \mathrm{d}A \cos \alpha$$

B_n Betrag der Komponente des Vektors der magnetischen Flußdichte $\vec{B}$ in Richtung der Flächennormalen $\vec{n}$ des Flächenelements $\mathrm{d}A$
A Fläche, die der Fluß Φ durchsetzt
α Winkel zwischen $\vec{n}$ und $\vec{B}$

Sonderfall ($B = \text{const}, \alpha = 0$):

$$\Phi = BA$$

Lorentzkraft

Bewegte Ladung im Magnetfeld:

$$\vec{F} = Q \vec{v} \times \vec{B}$$

$\vec{F}$ Kraft, die eine bewegte Ladung im Magnetfeld erfährt; $\vec{F} \perp \vec{B}$ und $\vec{F} \perp \vec{v}$ (Rechtsschraubenregel)

$\vec{v}$ Geschwindigkeit der Ladung

$\vec{B}$ magnetische Flußdichte

Stromdurchflossener Leiter im Magnetfeld

$$\vec{F} = I\vec{l} \times \vec{B}$$

$\vec{F}$ Kraft, die der stromdurchflossene Leiter im Magnetfeld erfährt; $\vec{F} \perp \vec{l}$ und $\vec{F} \perp \vec{B}$ (Rechtsschraubenregel)

$\vec{l}$ Vektor mit dem Betrag der Leiterlänge und der Richtung des elektrischen Stromes

I elektrische Stromstärke im Leiter

Energie des magnetischen Feldes

$$E_{\mathrm{magn}} = \frac{1}{2} HBV$$

H magnetische Feldstärke

B magnetische Flußdichte

V Volumen des betrachteten Raumes

E

35   Induktion

Induktionsgesetz

$$U_{\mathrm{i}} = -\frac{\mathrm{d}\Phi}{\mathrm{d}t}$$

> Eine Induktionsspannung entsteht, wenn sich der magnetische Fluß ändert.

$$U_{\mathrm{i}} = -\frac{\mathrm{d}}{\mathrm{d}t} \int\limits_{A} B_n \mathrm{d}A = -\frac{\mathrm{d}}{\mathrm{d}t} \int\limits_{A} B \mathrm{d}A \cos\alpha$$

U_i induzierte Spannung
Φ magnetischer Fluß
B magnetische Flußdichte
A Fläche, die der Fluß Φ durchsetzt
α Winkel zwischen der magnetischen Flußdichte $\vec{B}$ und der
         Flächennormalen $\vec{n}$ des Flächenelementes dA

Das negative Vorzeichen ist ein Ausdruck der **Lenzschen Regel**:

> Induzierte Spannungen, Ströme und Kräfte sind so ge-
> richtet, daß sie ihren Ursachen entgegenwirken.

Induzierte Spannung in einer Spule:

$$U_{iSp} = NU_i$$

N Anzahl der Windungen der Spule; der magnetische Fluß Φ
         durchsetzt N-mal die Spulenquerschnittsfläche A

Spezielle Form des Induktionsgesetzes für bewegte Leiter

$$\vec{E}_i = \vec{v} \times \vec{B}$$

$\vec{E}_i$ induzierte elektrische Feldstärke im Leiter
$\vec{v}$ Geschwindigkeit des Leiters (relativ zum Magnetfeld)
$\vec{B}$ magnetische Flußdichte

In einem geraden Leiter entsteht damit die induzierte Spannung

$$U_i = E_i l$$

l Länge des Leiters (im Magnetfeld)
E_i induzierte elektrische Feldstärke im Leiter

Selbstinduktion

$$U_\mathrm{i} = -L\frac{\mathrm{d}I}{\mathrm{d}t}$$

U_i induzierte Spannung
L Induktivität

Sonderfall (lange Spule): $L = \dfrac{\mu_0 \mu_r N^2 A}{l}$; μ_0 magnetische

Feldkonstante; μ_r Permeabilitätszahl; N Anzahl der Windungen der Spule; A Querschnittsfläche der Spule; l Länge der Spule

36   Maxwellsche Gleichungen

(I) $$\oint H_s \mathrm{d}s = I + \frac{\mathrm{d}}{\mathrm{d}t} \int D_n \mathrm{d}A$$

$\oint H_s \mathrm{d}s = I$ Durchflutungsgesetz

$\dfrac{\mathrm{d}}{\mathrm{d}t} \displaystyle\int D_n \mathrm{d}A$ Maxwellsche Ergänzung

Sowohl ein Strom (I) als auch ein zeitlich veränderliches elektrisches Feld $(\dot{D})$ sind von geschlossenen magnetischen Feldlinien (H) umgeben.

(II) $$\oint E_s \mathrm{d}s = -\frac{\mathrm{d}}{\mathrm{d}t} \int B_n \mathrm{d}A$$ Induktionsgesetz

$\oint E_s \mathrm{d}s$ induzierte Spannung U_i

$-\dfrac{\mathrm{d}}{\mathrm{d}t} \displaystyle\int B_n \mathrm{d}A$ zeitlich veränderlicher magnetischer Fluß

E

> Ein zeitlich veränderliches Magnetfeld $(\dot{B})$ ist von geschlossenen elektrischen Feldlinien (E) umgeben.

(III) $$\oint D_n \mathrm{d}A = Q$$

Q elektrische Ladung

$\oint D_n \mathrm{d}A$ Verschiebungsfluß durch eine geschlossene Fläche

> Die (wahren) elektrischen Ladungen (Q) sind die Quellen der Verschiebungslinien (D).

(IV) $$\oint B_n \mathrm{d}A = 0$$

$\oint B_n \mathrm{d}A$ magnetischer Fluß durch eine geschlossene Fläche

> Die B-Linien haben weder Quellen noch Senken; es sind geschlossene Linien. ($\vec{B}$ ist ein quellenfreier Vektor.)

Folgerung aus den Maxwellschen Gleichungen:

$$c = \frac{1}{\sqrt{\varepsilon_0 \mu_0}}$$

c Lichtgeschwindigkeit im Vakuum
ε_0 elektrische Feldkonstante
μ_0 magnetische Feldkonstante

37   Wechselstromkreis

Elektrische Stromstärke, elektrische Spannung

$$i(t) = \hat{i} \sin \omega t$$
$$u(t) = \hat{u} \sin (\omega t + \varphi)$$

i, u zeitabhängige Stromstärke, Spannung
$\hat{i}, \hat{u}$ Scheitelwert der Stromstärke, der Spannung
       (Maximalwerte, Amplituden)
ω Kreisfrequenz; $\omega = 2\pi f$; f Frequenz
φ Phasenwinkel (Phase der Spannung gegenüber der Phase
       der Stromstärke)

Effektivwerte

$$I_{\text{eff}} = \frac{\hat{i}}{\sqrt{2}} = I; \qquad U_{\text{eff}} = \frac{\hat{u}}{\sqrt{2}} = U$$

$I_{\text{eff}} = I$ Effektivwert der elektrischen Stromstärke
$U_{\text{eff}} = U$ Effektivwert der elektrischen Spannung
$\hat{i}, \hat{u}$ Scheitelwert (Amplitude) der Stromstärke, der Spannung

Ohmsches Gesetz

$$Z = \frac{\hat{u}}{\hat{i}} = \frac{U}{I}$$

E

$\hat{u}, \hat{i}$ Scheitelwerte
U, I Effektivwerte von elektrischer Spannung bzw. Stromstärke
Z Scheinwiderstand

Widerstände

Wirkwiderstand	Induktiver Widerstand	Kapazitiver Widerstand
R	$X_L - \omega L$	$X_C = \dfrac{1}{\omega C}$

R Ohmscher Widerstand
L Induktivität einer Spule
C Kapazität eines Kondensators
ω Kreisfrequenz; $\omega = 2\pi f$; f Frequenz

Phasenverschiebung

$$\boxed{\varphi = 0}$$

Am **Wirkwiderstand** sind Stromstärke und Spannung in Phase.

$$\boxed{\varphi = +\frac{\pi}{2}}$$

Die Spannung an einer **Spule** eilt um 90° gegenüber der Stromstärke voraus.

$$\boxed{\varphi = -\frac{\pi}{2}}$$

Die Spannung bleibt am **Kondensator** gegenüber der Stromstärke um 90° zurück.

φ Phasen(verschiebungs)winkel

Festlegung für Zeigerdiagramme (Phasenverschiebung der Spannung gegenüber der Stromstärke):

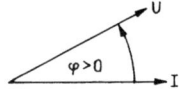   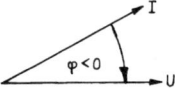

Reihenschaltung von *R*, *L* und *C*

$$I = I_W = I_L = I_C$$

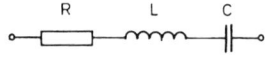

Berechnungen: Zeigerdiagramme:

$$\boxed{U = \sqrt{U_W^2 + (U_L - U_C)^2}}$$

$$\boxed{Z = \sqrt{R^2 + (X_L - X_C)^2}}$$

$$\boxed{\tan\varphi = \frac{U_L - U_C}{U_W} = \frac{X_L - X_C}{R}}$$

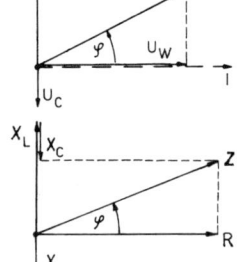

Parallelschaltung von *R*, *L* und *C*

$$U = U_W = U_L = U_C$$

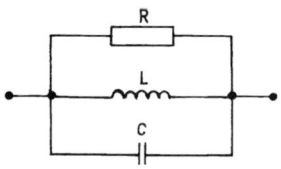

Berechnungen: Zeigerdiagramme:

$$I = \sqrt{I_W + (I_L - I_C)^2}$$

$$\frac{1}{Z} = \sqrt{\frac{1}{R^2} + \left(\frac{1}{X_L} - \frac{1}{X_C}\right)^2}$$

$$\tan\varphi = \frac{I_L - I_C}{I_W} = R\left(\frac{1}{X_L} - \frac{1}{X_C}\right)$$

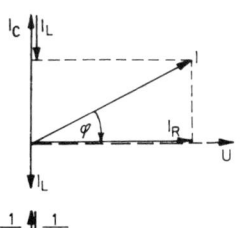

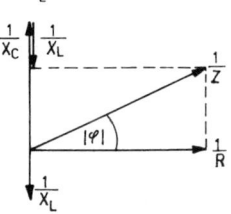

E

R	Wirkwiderstand
L	Induktivität
C	Kapazität
U	Gesamtspannung (Effektivwert)
U_W	Wirkspannung (Effektivwert)
U_L	induktive Blindspannung (Effektivwert)
U_C	kapazitive Blindspannung (Effektivwert)
φ	Phasenwinkel
Z	Scheinwiderstand
X_L	induktiver Blindwiderstand
X_C	kapazitiver Blindwiderstand
I	Gesamtstromstärke (Effektivwert)
I_W	Wirkstromstärke (Effektivwert)

I_L induktive Blindstromstärke (Effektivwert)
I_C kapazitive Blindstromstärke (Effektivwert)

Elektrische Leistung

$$S = UI \qquad \text{Scheinleistung}$$
$$P = UI \cos \varphi \qquad \text{Wirkleistung}$$
$$Q = UI \sin \varphi \qquad \text{Blindleistung}$$

U Effektivwert der Spannung
I Effektivwert der Stromstärke
$\cos \varphi$ Leistungsfaktor; φ Phasenwinkel

Resonanzfrequenz

(Parallel- und Reihenschwingkreis)

$$f_R = \frac{1}{2\pi\sqrt{LC}}$$

L Induktivität
C Kapazität

STRAHLENOPTIK

38 Reflexion, Brechung und Dispersion

Brechzahl

$$n = \frac{c}{c_n}$$

c Lichtgeschwindigkeit im Vakuum
c_n Lichtgeschwindigkeit in einer lichtdurchlässigen Substanz (optisches Medium)
n Brechzahl dieser Substanz

Brechungsgesetz

$$n \sin \varepsilon = n' \sin \varepsilon'$$

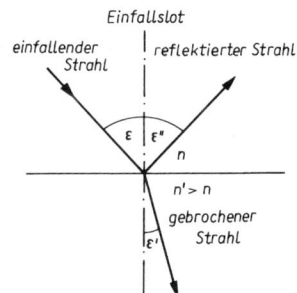

n Brechzahl des einen Mediums (in der Skizze das optisch dünnere, aus dem das Licht kommt)
n' Brechzahl des anderen Mediums (in der Skizze das optisch dichtere, in das das Licht eintritt)
ε Einfallswinkel (Winkel zwischen Lichtstrahl und Einfallslot im Medium mit der Brechzahl n)
ε' Brechungswinkel (Winkel zwischen Lichtstrahl und Einfallslot im Medium mit der Brechzahl n')

Reflexionsgesetz

$$\varepsilon'' = \varepsilon$$

ε'' Reflexionswinkel (Winkel zwischen Einfallslot und reflektiertem Strahl)

Einfallender, reflektierter und gebrochener Strahl sowie das Einfallslot liegen in einer Ebene, die rechtwinklig auf der Grenzfläche zwischen den beiden Medien (n, n') steht.

Der Lichtweg ist umkehrbar.

Totalreflexion

$$\sin \varepsilon_{\mathrm{G}} = \frac{n}{n'}$$

n Brechzahl des optisch dünneren Mediums

n' Brechzahl des optisch dichteren Mediums, in dem sich das Licht ausbreitet

ε_{G} Grenzwinkel der Totalreflexion, zu dem der Brechungswinkel $\varepsilon = 90°$ gehört

Trifft Licht in einem dichteren Medium auf die Grenzfläche zum dünneren Medium, so wird es für alle Einfallswinkel $\varepsilon' > \varepsilon_{\mathrm{G}}$ vollständig wieder in das dichtere Medium reflektiert (Totalreflexion).

Mittlere Dispersion

$$\vartheta = n_{\mathrm{F}} - n_{\mathrm{C}}$$

n_{F} Brechzahl der betreffenden Substanz für $\lambda = 486$ nm (F-Linie)

n_{C} Brechzahl für $\lambda = 656$ nm (C-Linie)

λ Wellenlängen der Frauenhoferschen Linien

Die Brechzahl n ist abhängig von der Wellenlänge λ des Lichtes, $n = n(\lambda)$. Diese Abhängigkeit heißt Dispersion.

Abbesche Zahl

$$\nu = \frac{n_{\mathrm{D}} - 1}{n_{\mathrm{F}} - n_{\mathrm{C}}}$$

n_{F}, n_{C} wie bei mittlerer Dispersion
n_{D} Brechzahl für $\lambda = 590$ nm (D-Linie)

Einige Zahlenwerte zur Dispersion

	n_{C}	n_{D}	n_{F}	ϑ	ν
Wasser	1,3312	1,3330	1,3371	0,0059	56,4
Kronglas	1,5076	1,5100	1,5157	0,0081	62,9
Flintglas	1,6081	1,6128	1,6246	0,0165	37,0

39   Dünne Linse und Linsensysteme

Abbildungsgleichung

$$\frac{1}{a} + \frac{1}{a'} = \frac{1}{f}$$

O

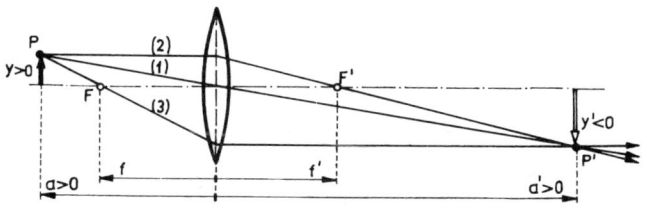

a Objektweite; Abstand des Objektpunktes von der Linsenmittelebene, wird von der Linse aus in den Objektraum
hinein positiv gezählt

a' Bildweite; Abstand des Bildpunktes von der Linsenmittelebene, wird von der Linse aus in den Bildraum hinein positiv gezählt

f objektseitige Brennweite, Abstand des objektseitigen Brennpunktes F von der Linsenmittelebene

f' bildseitige Brennweite, Abstand des bildseitigen Brennpunktes F' von der Linsenmittelebene. In der angegebenen Formel gilt $f = f'$; das setzt voraus, daß sich zu beiden Seiten der Linse das gleiche Medium befindet.

(1)   Mittelpunktstrahlen (Strahlen durch die Linsenmitte); sie werden nicht gebrochen.

(2)   Parallelstrahlen; sie verlaufen nach der Brechung durch den bildseitigen Brennpunkt F'.

(3)   Brennpunktstrahlen (Strahlen durch den objektseitigen Brennpunkt F); sie verlaufen nach der Brechung achsenparallel.

Entsteht das Bild im Objektraum, wie z. B. bei der Lupe, so ist a' negativ ($a' < 0$). Entsprechend gilt auch $a < 0$, wenn sich das Objekt im Bildraum befindet (bei der zweiten Stufe einer zweistufigen Abbildung möglich, Zwischenbild der ersten Stufe ist virtuelles Objekt für die zweite Linse und kann sich hinter dieser befinden).

Abbildungsmaßstab

$$\beta = \frac{y'}{y} = -\frac{a'}{a}$$

y Höhe des Objektpunktes über der optischen Achse; auch als Objektgröße bezeichnet

y' Höhe des Bildpunktes über der optischen Achse; auch als Bildgröße bezeichnet

a Objektweite; Gegenstandsweite

a' Bildweite

Liegen Objekt- bzw. Bildpunkt unter der optischen Achse, so sind y bzw. y' negativ.

Brennweite

$$\frac{1}{f} = \left(\frac{n}{n_0} - 1\right)\left(\frac{1}{r_1} - \frac{1}{r_2}\right)$$

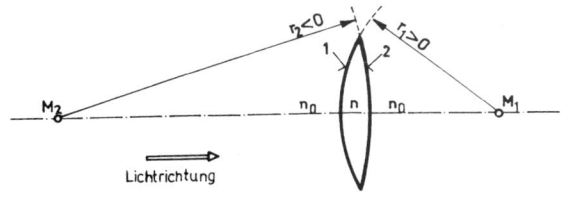

f Brennweite im Medium mit der Brechzahl n_0
n_0 Brechzahl des an die Linse angrenzenden Mediums
n Brechzahl des Linsenmaterials
r_1 Krümmungsradius der ersten brechenden Fläche
r_2 Krümmungsradius der zweiten brechenden Fläche

Ist die brechende Fläche in Lichtrichtung gesehen konvex (wie Fläche *1* in der Skizze), so ist $r > 0$, ist sie konkav (wie Fläche *2* in der Skizze), so ist $r < 0$.
Brechende Flächen werden in Lichtrichtung numeriert.

Brennweite eines Systems zweier dünner Linsen

$$\frac{1}{f} = \frac{1}{f_1} + \frac{1}{f_2} - \frac{d}{f_1 f_2}$$

f Gesamtbrennweite eines Systems aus zwei dünnen Linsen
f_1 Brennweite der ersten dünnen Linse
f_2 Brennweite der zweiten dünnen Linse
d Abstand der Mittelebenen der beiden dünnen Linsen

40   Dicke Linse

Abbildungsgleichung und Abbildungsmaßstab gelten in der gleichen Form wie für die dünne Linse. Die Bedeutung der Mittelebene der dünnen Linse wird bei der dicken Linse von den Hauptebenen H (objektseitig) und H' (bildseitig) übernommen.
a und f werden von H aus, a' und f' von H' aus gemessen.

$$\frac{1}{f} = \left(\frac{n}{n_0} - 1\right)\left(\frac{1}{r_1} - \frac{1}{r_2}\right) + \frac{(n - n_0)^2}{nn_0}\frac{d}{r_1 r_2}$$

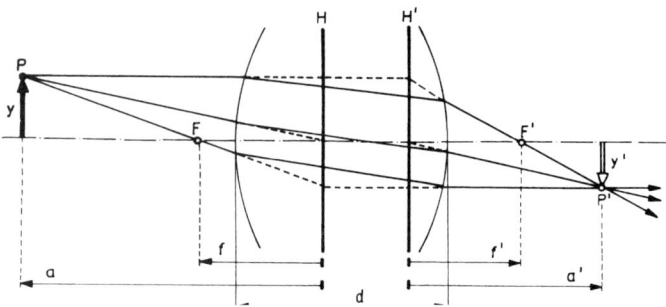

n, n_0, r_1, r_2 haben die gleiche Bedeutung wie bei der dünnen Linse

d Abstand der Linsenscheitel (Linsendicke)

Der Raum zwischen den Hauptebenen bleibt bei der Bildkonstruktion unberücksichtigt.

41   Spiegel

Abbildungsgleichung

$$\frac{1}{a} + \frac{1}{a'} = \frac{1}{f}$$

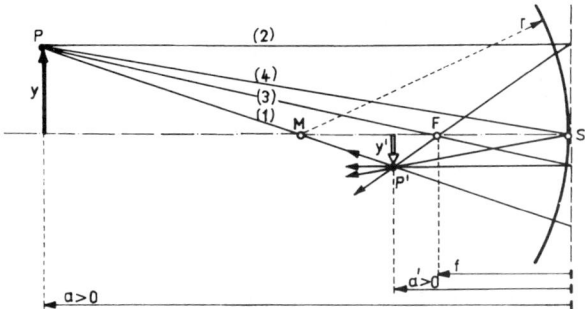

a Objektweite; Entfernung des Gegenstands vom Spiegel-
      scheitel
a' Bildweite; Entfernung des Bildes vom Spiegelscheitel; re-
      elles Bild vor dem Spiegel für $a' > 0$, virtuelles Bild hinter
      dem Spiegel für $a' < 0$
f Brennweite; Entfernung des Brennpunktes F vom Spiegel-
      scheitel; Brennpunkt vor dem Spiegel bedeutet $f > 0$,
      Brennpunkt hinter dem Spiegel $f < 0$

(1)   Strahlen durch den Krümmungsmittelpunkt; sie werden in
      sich selbst reflektiert.
(2)   Parallelstrahlen; sie werden in den Brennpunkten reflek-
      tiert.
(3)   Brennpunktstrahlen; sie verlaufen nach der Reflexion ach-
      senparallel.
(4)   Strahlen durch den Spiegelmittelpunkt; sie werden unter
      dem gleichen Winkel zur optischen Achse reflektiert, unter
      dem sie einfallen.

Abbildungsmaßstab

$$\beta = \frac{y'}{y} = -\frac{a'}{a}$$

y Höhe des Objektpunktes über der optischen Achse; auch als Objektgröße (Gegenstandsgröße) bezeichnet

y' Höhe des Bildpunktes über der optischen Achse; auch als Bildgröße bezeichnet

Liegen Objekt- bzw. Bildpunkt unter der optischen Achse, so gilt $y < 0$ bzw. $y' < 0$.

a und a' haben die gleiche Bedeutung wie in der Abbildungsgleichung.

Brennweite des Hohlspiegels

$$f = +\frac{r}{2}$$

r Krümmungsradius des Spiegels

Brennweite des Wölbspiegels

$$f = -\frac{r}{2}$$

r Krümmungsradius

Am Wölbspiegel entstehen nur virtuelle Bilder.

Ebener Spiegel

Krümmungsradius $r = \infty$
Brennweite $f = \infty$

Aus der Abbildungsgleichung folgt

$$a' = -a$$

und daraus $\beta = 1$ sowie $y = y'$.

42   Auge und optische Vergrößerung

Sehwinkel

$$\tan \sigma = \frac{y}{a}$$

Bei Paraxialstrahlen
(kleiner Sehwinkel):

$$\sigma = \frac{y}{a}$$

σ Sehwinkel; Winkel, unter dem das Auge einen Gegenstand sieht

y Höhe eines Objektpunktes über der optischen Achse; auch als Objektgröße (Gegenstandsgröße) bezeichnet

y' Höhe eines Bildpunktes über der optischen Achse; auch als Bildgröße bezeichnet

a Objektweite; Gegenstandsweite

a' Bildweite

Bezugssehweite

$$S = 25\,\text{cm}$$

Die Bezugssehweite S ist eine Festlegung für den kleinsten Betrachtungsabstand bei bequemer **Akkommodation** mit normalsichtigem Auge.

Für das normalsichtige Auge liegt der **Nahpunkt** bei etwa 10 cm Betrachtungsabstand, der **Fernpunkt** im Unendlichen.

Brechwert einer Linse

$$D = \frac{n}{f}$$

f Brennweite der Linse

n Brechzahl des umgebenden Mediums

Es kann für die Einheit des Brechwertes die Dioptrie (dpt) verwendet werden;

$$1 \, \text{dpt} = 1 \text{m}^{-1}$$

Sonderfall (Linse in Luft; Brillenglas):

$$D = \frac{1}{f}$$

Vergrößerung

$$\Gamma = \frac{\sigma_{\text{m}}}{\sigma_{\text{o}}}$$

σ_{m} Sehwinkel mit Gerät; Winkel, unter dem das Bild von einem Objekt mit Hilfe eines optischen Gerätes gesehen wird

σ_{o} Sehwinkel ohne Gerät; Winkel, unter dem das Objekt mit bloßem Auge gesehen wird

Normalvergrößerung

$$\Gamma_0 = \frac{\sigma_{\text{m}}}{\sigma_{\text{o}}}$$

σ_{m} Sehwinkel mit Gerät bei Betrachtung mit entspanntem, normalsichtigem Auge; das virtuelle Endbild befindet sich im Unendlichen.

σ_{o} Sehwinkel ohne Gerät
(Bei kleinen Objekten, die an das Auge herangeführt werden können, ist dieser Sehwinkel auf den Betrachtungsabstand $S = 25$ cm zu beziehen.)

43   Optische Geräte

Lupe

(Abbildung mit einer Sammellinse)

Der Gegenstand muß objektseitig zwischen Sammellinse und Brennweite gebracht werden, um ein vergrößertes, virtuelles und aufrechtes Bild, ebenfalls im Objektraum, zu erzeugen.

Strahlenverlauf (für $a < f$)

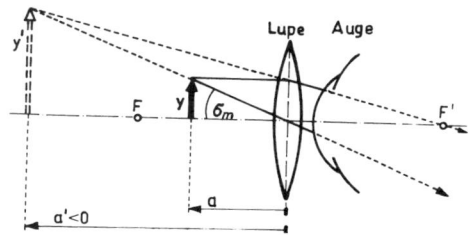

Vergrößerung:

$$\Gamma = \frac{S}{a}$$

Abbildungsmaßstab:

$$\beta = \frac{f}{f-a}$$

Sonderfall (virtuelles Bild in der Bezugssehweite; $a' = -S$):

$$\beta = \Gamma = \frac{S+f}{f}$$

Normalvergrößerung (Betrachtung mit normalsichtigem, entspanntem Auge; Bild im Unendlichen):

$$\Gamma_0 = \frac{S}{f}$$

S Bezugssehweite; $S = 25$ cm
f Brennweite der Sammellinse; $f > 0$

a Objektweite; $f \geq a > 0$

a' Bildweite; $-a' > a$; $a' = \dfrac{af}{a-f} < 0$

y Objektgröße

y' Bildgröße; $y' = -y\dfrac{a'}{a} = \beta y$

σ_{o} Sehwinkel ohne Lupe; $\sigma_{\mathrm{o}} = \dfrac{y}{S}$

σ_{m} Sehwinkel mit Lupe; $\sigma_{\mathrm{m}} = \dfrac{y'}{|a'|} = \dfrac{y}{a}$

β Abbildungsmaßstab; $\beta = \dfrac{y'}{y} = -\dfrac{a'}{a}$

Mikroskop

(Zweistufige Abbildung; Objektiv und Okular sind Sammellinsen.)

1. Abbildungsstufe:
Das Objekt muß sich zwischen einfacher und doppelter Brennweite befinden. Es entsteht ein umgekehrtes, reelles, vergrößertes Bild.

2. Abbildungsstufe:
Das Bild der ersten Abbildungsstufe (Zwischenbild) wird zum Objekt für eine Betrachtung mit dem als Lupe verwendeten Okular. Das Auge sieht ein umgekehrt bleibendes, virtuelles, nochmals vergrößertes Endbild.
Strahlenverlauf, Normalvergrößerung, Abbildungsbeziehungen (Betrachtung mit entspanntem, normalsichtigem Auge; Endbild im Unendlichen):

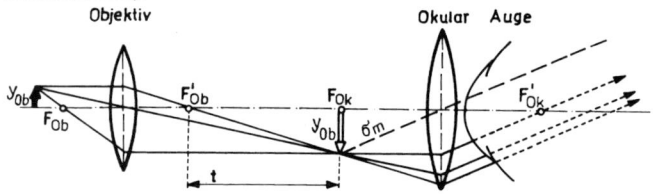

$$\Gamma_O = \frac{tS}{f_{Ob}f_{Ok}}$$

$$\Gamma_O = |\beta_{Ob}|\Gamma_{Ok}$$

1. Stufe:

$$\frac{1}{f_{Ob}} = \frac{1}{a_{Ob}} + \frac{1}{a'_{Ob}} \qquad a'_{Ob} = f_{Ob} + t$$

$$\beta_{Ob} = \frac{y'_{Ob}}{y_{Ob}} = -\frac{a'_{Ob}}{a_{Ob}} = -\frac{t}{f_{Ob}}$$

2. Stufe:

$$a_{Ok} = f_{Ok} \qquad a'_{Ok} = -\infty$$

$$\Gamma_{Ok} = \frac{S}{f_{Ok}}$$

Vergrößerung, wenn Endbild in der Bezugssehweite:

$$\Gamma_S = |\beta_{Ob}|\Gamma_{Ok} = \frac{t(S + f_{Ok}) + f_{Ok}^2}{f_{Ob}F_{Ok}}$$

O

Projektionsmikroskop:
Das Okular wird durch ein Projektiv ersetzt. Mit diesem wird das umgekehrte Zwischenbild, das sich innerhalb einfacher und doppelter Brennweite befinden muß, in ein aufrechtes Endbild abgebildet.

$$\beta = \beta_{Ob}\,\beta_{Ok} = \frac{t(a'_{Pr} - f_{Pr})}{f_{Ob}f_{Pr}} = \frac{y'_{Ok}}{y_{Ob}}$$

$$\frac{1}{f_{Pr}} = \frac{1}{a_{Pr}} + \frac{1}{a'_{Pr}} \qquad \beta_{Ob} = -\frac{a'_{Ob}}{a_{Ob}} \qquad \beta_{Ok} = -\frac{a'_{Ok}}{a_{Ok}}$$

S Bezugssehweite; $S = 25$ cm
t Tubuslänge; Abstand zwischen den Brennpunkten F'_{Ob} und F_{Ok}
f_{Ob} Objektivbrennweite
f_{Ok} Okularbrennweite
f_{Pr} Projektivbrennweite
a_{Ob} Objektweite bei der Abbildung mit dem Objektiv
a'_{Ob} Bildweite bei der Abbildung mit dem Objektiv
a_{Ok} Objektweite bei der Abbildung mit dem Okular
a'_{Ok} Bildweite bei der Abbildung mit dem Okular
β_{Ob} Abbildungsmaßstab des Objektivs (1. Stufe)
β Abbildungsmaßstab des Mikroskops (1. und 2. Stufe)
F'_{Ob} bildseitiger Brennpunkt
F_{Ok} objektseitiger Brennpunkt
Γ_{Ok} Vergrößerung des Okulars (2. Stufe)
Γ_S Vergrößerung des Mikroskops (1. und 2. Stufe), wenn Endbild in der Bezugssehweite
Γ_O Normalvergrößerung des Mikroskops (1. und 2. Stufe)
y_{Ob} Objektgröße
y'_{Ob} Zwischenbildgröße
y_{Ok} Größe des Zwischenbildes als Objekt für das Okular

Keplersches oder astronomisches Fernrohr

(Zweistufige Abbildung; Objektiv und Okular sind Sammellinsen.)

Teleskopischer Strahlengang (es treten Parallelstrahlen in das Objektiv ein, und es verlassen Parallelstrahlen das Okular):

1. Abbildungsstufe:
Verkleinertes, umgekehrtes, reelles Bild in der Brennebene des Objektivs (Zwischenbild).

2. Abbildungsstufe:
Das Zwischenbild wird zum Objekt für das Okular, durch das dem Auge ein virtuelles, vergrößertes, umgekehrt bleibendes Bild im Unendlichen erscheint (Lupenbetrachtung).

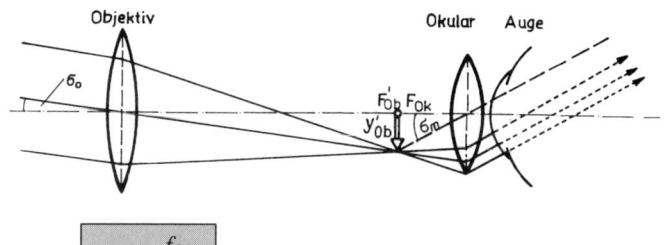

$$\Gamma_{\mathrm{O}} = \frac{f_{\mathrm{Ob}}}{f_{\mathrm{Ok}}}$$

$$f_{\mathrm{Ob}} = a'_{\mathrm{Ob}} \ (1.\ \mathrm{Stufe}) \qquad y'_{\mathrm{Ob}} = y_{\mathrm{Ok}} \quad f_{\mathrm{Ok}} = a_{\mathrm{Ok}} \ (2.\ \mathrm{Stufe})$$

$$\sigma_{\mathrm{m}} = \frac{y_{\mathrm{Ok}}}{f_{\mathrm{Ok}}} \qquad \sigma_{\mathrm{o}} = \frac{y'_{\mathrm{Ok}}}{f_{\mathrm{Ob}}}$$

Vom teleskopischen Strahlengang abweichende (allgemeinere) Strahlenverläufe:
Werden Objekte mit geringer Objektweite (in der Nähe) mit dem Fernrohr betrachtet und soll auf ein Endbild akkommodiert werden, das sich nicht im Unendlichen befindet, so gilt

$$\Gamma = |\beta_{\mathrm{Ob}}|\Gamma_{\mathrm{Ok}} = |\beta_{\mathrm{Ob}}|\frac{s}{a_{\mathrm{Ok}}}$$

$$\frac{1}{f_{\mathrm{Ob}}} = \frac{1}{a_{\mathrm{Ob}}} + \frac{1}{a'_{\mathrm{Ob}}} \qquad \beta_{\mathrm{Ob}} = \frac{y'_{\mathrm{Ob}}}{y_{\mathrm{Ob}}} = -\frac{a'_{\mathrm{Ob}}}{a_{\mathrm{Ob}}} \quad (1.\ \mathrm{Stufe})$$

$$y'_{\mathrm{Ob}} = y_{\mathrm{Ok}}$$

$$\frac{1}{f_{\mathrm{Ok}}} = \frac{1}{a_{\mathrm{Ok}}} + \frac{1}{a'_{\mathrm{Ok}}} \qquad \beta_{\mathrm{Ok}} = \frac{y'_{\mathrm{Ok}}}{y_{\mathrm{Ok}}} = -\frac{a'_{\mathrm{Ok}}}{a_{\mathrm{Ok}}} \quad (2.\ \mathrm{Stufe})$$

Bei Betrachtung des Endbildes in Bezugssehweite wird $\Gamma_{\mathrm{Ok}} = |\beta_{\mathrm{Ok}}| = \left|\dfrac{s + f_{\mathrm{Ok}}}{f_{\mathrm{Ok}}}\right|$.

Bei Verwendung eines Projektivs anstelle des Okulars muß das Projektiv so in Position gebracht werden, daß sich das Zwischenbild objektseitig zwischen der einfachen und doppelten Brennweite des Projektivs befindet. Vom umgekehrten Zwischenbild entsteht ein aufrechtes, reelles, vergrößertes Endbild (auf einem Schirm oder einer fotografischen Platte).

In den Abbildungsbeziehungen ist der Index Ok durch Pr zu ersetzen, die Vergrößerung durch den Abbildungsmaßstab.

$$\beta = \beta_{Ob} \beta_{Pr} = \frac{a'_{Ob} a'_{Pr}}{a_{Ob} a_{Pr}} = \frac{y'_{Ok}}{y_{Ob}}$$

Γ Vergrößerung des Fernrohres (1. und 2. Stufe)

Γ_0 Normalvergrößerung des Fernrohres (1. und 2. Stufe; teleskopischer Strahlengang)

β Abbildungsmaßstab des Fernrohres (1. und 2. Stufe; mit Projektiv)

β_{Ob} Abbildungsmaßstab des Objektivs (1. Stufe)

β_{Ok} Abbildungsmaßstab des Okulars (2. Stufe)

β_{Pr} Abbildungsmaßstab des Projektivs (2. Stufe)

f_{Ob} Objektivbrennweite

f_{Ok} Okularbrennweite

f_{Pr} Projektivbrennweite

a_{Ob} Objektweite bei der Abbildung mit dem Objektiv

a_{Ok} Objektweite bei der Abbildung mit dem Okular

a_{Pr} Objektweite bei der Abbildung mit dem Projektiv

a'_{Ob} Bildweite bei der Abbildung mit dem Objektiv

a'_{Ok} Bildweite bei der Abbildung mit dem Okular

a'_{Pr} Bildweite bei der Abbildung mit dem Projektiv

y_{Ob} Objektgröße

y'_{Ob} Zwischenbildgröße

y_{Ok} Größe des Zwischenbildes als Objekt für das Okular

y'_{Ok} Endbildgröße

y_{Pr} Größe des Zwischenbildes als Objekt für das Projektiv

y'_{Pr} Endbildgröße bei Verwendung des Projektivs

F'_{Ob} bildseitiger Brennpunkt des Objektivs
F_{Ok} objektseitiger Brennpunkt des Okulars

Besonderheiten bei Linsensystemen

Beliebiger Strahl:

Nachdem ein spezieller Strahl (Parallelstrahl, ...) die erste Abbildungsstufe durchlaufen hat, fällt er im allgemeinen als beliebiger Strahl auf eine Linse der zweiten Stufe.

Für einen beliebigen Strahl wird ein zu diesem parallel verlaufender Mittelpunktstrahl (als Hilfsstrahl) gezeichnet. Durch den Schnittpunkt dieses Hilfsstrahles mit der Brennebene einer Sammellinse verläuft der beliebige Strahl nach Verlassen der Sammellinse weiter.

Trifft er auf eine Zerstreuungslinse, so verläuft er nach dieser so, als käme er vom Schnittpunkt des Hilfsstrahles mit der virtuellen Brennebene der Zerstreuungslinse (Zerstreuungsebene).

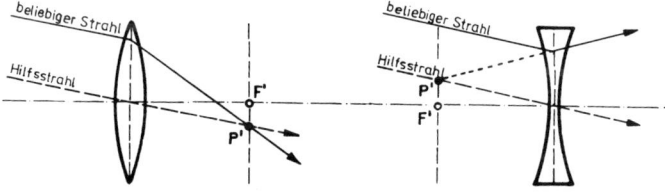

Kollektivlinse:

Wird eine Sammellinse an den Ort oder in die Nähe eines Zwischenbildes eines Linsensystems gebracht, so verändert diese nicht den Abbildungsvorgang. Sie sorgt aber als Kollektivlinse dafür, daß das Gesichtsfeld erweitert wird, indem sie das Objektiv in die Okularebene abbildet.

$$\frac{1}{f} = \frac{1}{f_{Ob} + t} + \frac{1}{f_{Ok}}$$ (Kollektivlinse im Mikroskop)

$$\frac{1}{f} = \frac{1}{f_{Ob}} + \frac{1}{f_{Ok}}$$ (Kollektivlinse im Keplerschen Fernrohr)

f Brennweite der Kollektivlinse
f_{Ob} Brennweite des Objektivs
f_{Ok} Brennweite des Okulars
t Tubuslänge des Mikroskops

Meist bildet die Kollektivlinse zusammen mit dem Okular eine (auswechselbare) bauliche Einheit.

Galileisches Fernrohr

(Zweistufige Abbildung; das Objektiv ist eine Sammellinse, das Okular eine Zerstreuungslinse.)

Teleskopischer Strahlengang (es treten Parallelstrahlen in das Objektiv ein, und es verlassen Parallelstrahlen das Okular):

1. Abbildungsstufe:
Verkleinertes, umgekehrtes, reelles Bild in der Brennebene des Objektivs (Zwischenbild).

2. Abbildungsstufe:
Das Okular befindet sich zwischen Objektiv und dessen bildseitigem Brennpunkt F'_{Ob}. Mit diesem Brennpunkt muß auch der Brennpunkt F_{Ok} des Okulars zusammenfallen. Damit wird das Zwischenbild zum virtuellen Gegenstand ($a_{Ok} < 0$) für die Abbildung mit dem Okular. Das Auge sieht ein virtuelles, vergrößertes, aufrechtes Endbild im Unendlichen.

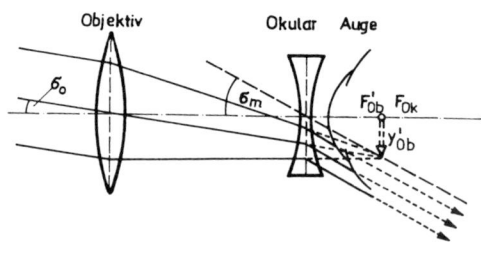

$$\Gamma_O = \frac{f_{Ob}}{|f_{Ok}|}$$

$$f_{Ob} = a'_{Ob} \qquad y'_{Ob} = y_{Ok} \qquad f_{Ok} = a_{Ok} < 0$$

$$\sigma_m = \frac{y_{Ok}}{f_{Ok}} \qquad \sigma_o = \frac{y_{Ok}}{f_{Ob}}$$

Vom teleskopischen Strahlengang abweichende (allgemeinere) Strahlenverläufe:

Siehe Entsprechendes bei Keplersches oder astronomisches Fernrohr.

Gleiches gilt für die Erläuterungen der physikalischen Größen, ausgenommen

f_{Ok} Okularbrennweite; $f_{Ok} < 0$

Fotografisches Objektiv

(Eine Sammellinse [dünne Linse] oder eine dicke Linse [System mit mehreren Linsen])

$$\frac{1}{f} = \frac{1}{a} + \frac{1}{a'} \qquad a' = \frac{af}{a - f} \qquad a = \frac{a'f}{a' - f}$$

$$\beta = \frac{y'}{y} = -\frac{a'}{a} = -\frac{a' - f}{f} = -\frac{f}{a - f}$$

$$k = \frac{f}{d}$$

Auszugsverlängerung bei Nahaufnahmen:

$$s = -(\beta f + \Delta s) \qquad \beta < 0$$

f Objektivbrennweite
a Objektweite
a' Bildweite
β Abbildungsmaßstab; $\beta < 0$
k Blendenzahl
d Durchmesser der Öffnungsblende

Δs Bildweitenänderung (Entfernungseinstellung am Objektiv);
$a' = f + \Delta s$; $\Delta s > 0$

s Auszugsverlängerung (zusätzliche Bildweitenänderung z. B. durch Zwischenschalten von Zwischenringen);
$a' = f + \Delta s + s$

Die Beziehungen für die Abbildung mit der dünnen Linse gelten auch für die dicke Linse und Linsensysteme, wenn die Existenz der Hauptebenen berücksichtigt wird.
Gleiches trifft für den Strahlengang zu.
Abbildungsgleichung und Abbildungsmaßstab sind auch für eine Abbildung mit dem Projektiv (Bildwerfer) gültig.

Teleobjektiv

(Linsensystem mit Sammel- und Zerstreuungslinse)

Strahlenverlauf für einen Gegenstand in sehr großer Entfernung:

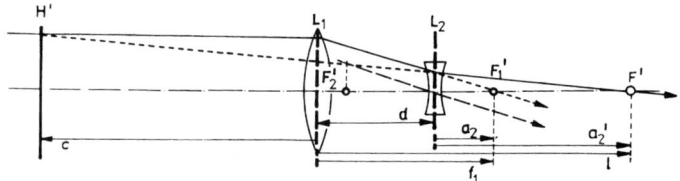

Das reelle Zwischenbild der 1. Abbildungsstufe (mit Linse *1*) wird nach Einbringen der Linse *2* zum virtuellen Objekt der 2. Abbildungsstufe.
Brennweite des Systems:

$$f = \frac{f_1 f_2}{f_1 + f_2 - d}$$

Abstand der bildseitigen Hauptebene H' von der Frontlinse (Sammellinse):

$$c = \frac{d(f_1 - d)}{d - f_1 - f_2}$$

Abstand des Systembrennpunktes F' von der Frontlinse:

$$l = \frac{(d - f_1)f_2}{d - f_1 - f_2} + d$$

d	Abstand der Mittelebenen der beiden dünnen Linsen
f_1	Brennweite der Sammellinse (L_1); $f_1 > 0$
f_2	Brennweite der Zerstreuungslinse (L_2); $f_2 < 0$
F_1'	bildseitiger Brennpunkt der Sammellinse
F_2'	bildseitiger Brennpunkt (vor der Linse!) der Zerstreuungslinse
a_2	Objektweite des virtuellen Gegenstandes bei der Abbildung mit der Linse 2; $a_2 < 0$
a_2'	Bildweite (bezüglich Linse 2) des Endbildes
H'	bildseitige Hauptebene des Systems

Eine Änderung von d ergibt eine Änderung von f: **Gummilinse** (Zoom)

O

WELLENOPTIK

44 Energie

Strahlungsvektor, Poynting-Vektor, Energiestromdichtevektor

$$\vec{S} = \vec{E} \times \vec{H}$$

$\vec{E}$ elektrische Feldstärke; $\vec{E}$ und $\vec{S}$ bestimmen die Schwingungsebene des Lichtes

$\vec{H}$ magnetische Feldstärke; stets gilt: $\vec{E} \perp \vec{H}$

Energieerhaltungssatz für ein strahlendes Volumen

$$-\frac{\mathrm{d}W_m}{\mathrm{d}t} - \frac{\mathrm{d}W_e}{\mathrm{d}t} = P_J + \oint \vec{S}\,\mathrm{d}\vec{A}$$

$\dfrac{\mathrm{d}W_m}{\mathrm{d}t}$ zeitliche Abnahme der magnetischen Feldenergie; $\mathrm{d}W_m < 0$

$\dfrac{\mathrm{d}W_e}{\mathrm{d}t}$ zeitliche Abnahme der elektrischen Feldenergie; $\mathrm{d}W_e < 0$

P_J Stromwärmeverlust, Joulesche Wärmeleistung

$\oint \vec{S}\,\mathrm{d}\vec{A}$ aus der Oberfläche des betrachteten Volumens austretende Strahlungsenergie

45 Interferenz

(insbesondere Zweistrahlinterferenz; linear polarisiertes, kohärentes Licht; nahezu parallele Schwingungsebenen)

Feldstärken der Primärwellen am Ort der Interferenz

$$E_1 = E_{m1} \cos\left(\omega t - k s_1 - \varphi_1\right)$$
$$E_2 = E_{m2} \cos\left(\omega t - k s_2 - \varphi_2\right)$$

E_{m1}, E_{m2} Amplituden der elektrischen Feldstärken der Primärwellen

ω übereinstimmende Kreisfrequenz der Primärwellen

k übereinstimmende Wellenzahl der Primärwellen

s_1, s_2 Entfernungen von den Quellen der Primärwellen bis zum Ort ihrer Interferenz

φ_1, φ_2 Phasenwinkel der beiden Quellen der Primärwellen

Resultierende Feldstärkeamplitude am Ort der Interferenz

$$E_m = \sqrt{E_{m1}^2 + E_{m2}^2 + 2E_{m1}E_{m2}\cos\left[k(s_2 - s_1) - (\varphi_2 - \varphi_1)\right]}$$

Intensitäten der Primärwellen

$$I_1 = \frac{1}{2}E_{m1}^2 \cdot Z^{-1}$$

$$I_2 = \frac{1}{2}E_{m2}^2 \cdot Z^{-1}$$

Z Wellenwiderstand des durchstrahlten Mediums (Vakuum: $Z = 377\,\Omega$)

Resultierende Intensität am Ort der Interferenz

(Punkt im Überlagerungsgebiet der beiden Lichtwellen)

$$I = I_1 + I_2 + 2\sqrt{I_1 I_2}\cos\left[k(s_2 - s_1) - (\varphi_2 - \varphi_1)\right]$$

Phasendifferenz

$$\Delta\alpha = k(s_2 - s_1) - (\varphi_2 - \varphi_1)$$

$$\Delta\alpha = m \cdot 2\pi \quad \text{Intensitat maximal}$$

$$\Delta\alpha = \left(m + \frac{1}{2}\right) \cdot 2\pi \quad \text{Intensitat minimal}$$

Gangunterschied

$$\Delta s = s_2 - s_1$$

Wenn die Quellen die Primärwellen gleichphasig ausstrahlen,

$$\varphi_2 - \varphi_1 = 0,$$

gilt

$$\frac{\Delta \alpha}{2\pi} = \frac{\Delta s}{\lambda};$$

daher

maximale Intensität bei

$$\Delta s = m\lambda$$

minimale Intensität bei

$$\Delta s = \left(m + \frac{1}{2}\right)\lambda$$

k Wellenzahl
s optische Weglänge von der Quelle der Primärwelle bis zum Ort der Interferenz; $s = nl$
n Brechzahl
l geometrische Länge des Lichtweges im Medium mit der Brechzahl n
φ Phasenwinkel der Primärwelle
m ganze Zahl; $m = 0; 1; 2; \ldots$
λ Wellenlänge

Kohärenzbedingung

$$2a \sin \alpha \ll \lambda$$

a Ausdehnung der Lichtquelle
α Winkel, unter dem die sich überlagernden Wellenzüge ausgesandt werden
λ Wellenlänge

46   Beugung

Huygens-Fresnelsches Prinzip

> Alle Punkte des Raumes, die von einer Wellenfront ge-
> troffen werden, wirken wie elementare Lichtquellen, von
> denen kohärentes Licht ausgeht.
> Das beobachtete Wellenfeld entsteht durch Überlagerung
> (Interferenz) der elementaren Lichtwellen.

Beugung am Spalt – Intensitätsverteilung

$$\sin \alpha_{min} = m \frac{\lambda}{b}$$

$$\sin \alpha_{max} = \left(m + \frac{1}{2} \right) \frac{\lambda}{b}$$

α_{min} Richtungen, in denen die Dunkelstellen des Beugungsbildes liegen

α_{max} Richtungen, in denen die Hellstellen (Nebenmaxima) liegen

λ Wellenlänge

b Spaltbreite

m Beugungsordnung; $m = 1; 2; 3; \ldots$

Beugung an der Lochblende

$$\sin \alpha_{min} = \frac{q}{2\pi} \frac{\lambda}{r}$$

α_{min} Winkel gegenüber der Einfallsrichtung des Lichtes, in denen die dunklen Ringe des Beugungsbildes erscheinen

q Zahl; $q = 1{,}22\pi; \ 2{,}23\pi; \ 3{,}24\pi; \ 4{,}24\pi; \ \ldots$

λ Wellenlänge

r Radius der Lochblende

Der erste dunkle Ring begrenzt das Beugungsscheibchen, das als
Abbildung eines Objektpunktes auftritt und die Auflösungsgrenze

bestimmt; für das Beugungsscheibchen gilt

$$\sin \alpha_0 = 0{,}61\lambda/r$$

α_0 Winkel gegenüber der Einfallsrichtung des Lichtes, in welchem der Rand des Beugungsscheibchens erscheint, von der Lochmitte aus gesehen

Beugung am Doppelspalt und am optischen Gitter – Intensitätsmaximum

(Licht fällt rechtwinklig auf die Gitterebene)

$$\sin \alpha_m = m \, \frac{\lambda}{d}$$

α_m Winkel gegenüber der Einfallsrichtung des Lichtes, in denen helle Streifen des Beugungsbildes liegen (Hauptmaxima)
m Beugungsordnung; $m = 1; 2; 3; \ldots$
λ Wellenlänge
d Spaltabstand, Gitterkonstante

Es existieren $N - 2$ Nebenmaxima zwischen benachbarten Intensitätshauptmaxima beim Gitter mit N Spalten.

Beugung am Doppelspalt – Intensitätsminimum

$$\sin \alpha'_m = \left(m + \frac{1}{2} \right) \frac{\lambda}{d}$$

α'_m Winkel gegenüber der Einfallsrichtung des Lichtes, in denen dunkle Streifen des Beugungsbildes liegen
d Spaltabstand
m Beugungsordnung; $m = 1; 2; 3; \ldots$

Beugung am Gitter bei schrägem Lichteinfall

$$\sin \alpha - \sin \alpha_0 = m \, \frac{\lambda}{d}$$

oder

$$\cos \alpha^* - \cos \alpha_0^* = m\frac{\lambda}{d}$$

α_0 Einfallswinkel in bezug auf die Gitternormale
α Beugungswinkel in bezug auf die Gitternormale
α_0^* Einfallswinkel in bezug auf die Gitterebene;
    $\alpha_0 + \alpha_0^* = 90°$
α^* Beugungswinkel in bezug auf die Gitterebene;
    $\alpha + \alpha^* = 90°$
m Beugungsordnung; $m = 0; 1; 2; \ldots$
λ Wellenlänge
d Gitterkonstante

**Beugung von Röntgenstrahlen an Kristallen –
Laue-Bedingungen**

$$\cos \alpha^* - \cos \alpha_0^* = m_1 \frac{\lambda}{d_1}$$

$$\cos \beta^* - \cos \beta_0^* = m_2 \frac{\lambda}{d_2}$$

$$\cos \gamma^* - \cos \gamma_0^* = m_3 \frac{\lambda}{d_3}$$

$\alpha^*, \beta^*, \gamma^*$ Beugungswinkel in bezug auf die drei Translationsrichtungen eines Translations-Kristallgitters
$\alpha_0^*, \beta_0^*, \gamma_0^*$ Einfallswinkel in bezug auf diese drei Richtungen
m_1, m_2, m_3 Beugungsordnungen in bezug auf diese drei Richtungen; $m = 1; 2; 3; \ldots$
d_1, d_2, d_3 Gitterkonstanten der in diese drei Richtungen erstreckten Kristallgitterstrukturen

Röntgenbeugung an Kristallen – selektive Reflexion an Netzebenen – Braggsche Gleichung

$$2d \sin \vartheta = m\lambda$$

d Netzebenenabstand
ϑ Glanzwinkel
λ Wellenlänge der Röntgenstrahlung, die unter dem Glanzwinkel maximale Intensität hat
m Beugungsordnung; $m = 1; 2; 3; \ldots$

Auflösungsvermögen eines Gitterspektralapparates

$$\frac{\lambda}{\lambda_2 - \lambda_1} = mN$$

m Beugungsordnung; $m = 1; 2; 3; \ldots$
N Anzahl der Spalte des Beugungsgitters
λ_2, λ_1 dicht benachbarte, noch getrennt wahrnehmbare Wellenlängen
λ Mittelwert von λ_1 und λ_2

47   Reflexion und Brechung polarisierten Lichtes

Fresnelsche Formeln

$$\varrho_\| = \frac{I_{R\|}}{I_{O\|}} = \frac{\tan^2(\varepsilon - \varepsilon')}{\tan^2(\varepsilon + \varepsilon')}$$

$$\tau_\| = \frac{I_{D\|}}{I_{O\|}} = \frac{\sin 2\varepsilon \sin 2\varepsilon'}{\sin^2(\varepsilon + \varepsilon') \cos^2(\varepsilon - \varepsilon')}$$

$$\varrho_\perp = \frac{I_{R\perp}}{I_{O\perp}} = \frac{\sin^2(\varepsilon - \varepsilon')}{\sin^2(\varepsilon + \varepsilon')}$$

$$\tau_\perp = \frac{I_{D\perp}}{I_{O\perp}} = \frac{\sin 2\varepsilon \sin 2\varepsilon'}{\sin^2(\varepsilon + \varepsilon')}$$

ε Einfallswinkel
ε' Brechungswinkel
ϱ Reflexionsgrad
τ Transmissionsgrad

|| Index für Licht, das parallel zur Einfallsebene polarisiert ist

$\perp$ Index für Licht, das normal zur Einfallsebene polarisiert ist

I_D Intensität des durchgelassenen Lichtes

I_R Intensität des reflektierten Lichtes

I_O Intensität des einfallenden Lichtes

Brewstersches Gesetz

Für $\varepsilon + \varepsilon' = \pi/2$ folgt aus dem Brechungsgesetz $\tan\varepsilon = n'/n$. In diesem Falle heißt ε Polarisationswinkel; Bezeichnung ε_p. Aus den Fresnelschen Formeln folgt für $\varepsilon = \varepsilon_p$

$$\varrho_\parallel = 0$$

$$\tau_\parallel = 1$$

Reflexionsgrad und Transmissionsgrad bei $\varepsilon = 0$

$$\varrho = \left(\frac{n - n'}{n + n'}\right)^2; \quad \varrho = \varrho_\parallel = \varrho_\perp$$

$$\tau = \frac{4nn'}{(n + n')^2}; \quad \tau = \tau_\parallel = \tau_\perp$$

O

PHOTOMETRIE

48   Strahlungsmessungen

Strahlungsenergie

$$Q_e = mc\,\Delta T$$

m Masse des Meßfühlers, der die Strahlung aufnimmt
c spezifische Wärmekapazität des Meßfühlers
ΔT Temperaturerhöhung des Meßfühlers infolge der Strahlungseinwirkung

Strahlungsfluß (Strahlungsleistung)

$$\phi_e = \frac{dQ_e}{dt}; \quad Q_e = \int \phi_e(t)\,dt$$

Bei zeitlich konstantem Strahlungsfluß: $Q_e = \phi_e t$

Strahlstärke

$$I_e = \frac{d\phi_e}{d\Omega}; \quad \phi_e = \int I_e(\Omega)\,d\Omega$$

ϕ_e Strahlungsfluß; Ω Raumwinkel

Bei gleichmäßiger (kugelsymmetrischer) Ausleuchtung der Umgebung des Strahlers: $\phi_e = I_e\{\Omega\}$

Strahldichte bei Abstrahlung in Normalenrichtung
(auf die strahlende Fläche bezogene Strahlstärke

$$L_e = \frac{dI_e}{dA}; \quad I_e = \int L_e\,dA$$

Bei konstanter Strahldichte: $I_e = L_e A$

Strahldichte bei Abstrahlung unter dem Winkel ε zur Normalenrichtung – Lambertsches Gesetz

> Die Strahldichte einer völlig diffus strahlenden Fläche A ist unabhängig vom Abstrahlungswinkel; die Strahlstärke ist proportional $\cos\varepsilon$.

$$dI_e = L_e\, dA \cos\varepsilon$$

I_e Strahlstärke
A strahlende Fläche der Strahlungsquelle
ε Abstrahlungswinkel

Strahende Flächen, für die das Lambertsche Gesetz streng gilt, heißen Lambert-Strahler.

Strahlungsflußdichte oder spezifische Ausstrahlung

(Energiestromdichte, Leistungsdichte)

$$M_e = \frac{d\phi_e}{dA}$$

ϕ_e Strahlungsfluß, der die strahlende Fläche verläßt
A strahlende Fläche

Bestrahlungsstärke

$$E_e = \frac{d\phi_e}{dA}$$

ϕ_e Strahlungsfluß, der auf die bestrahlte Fläche trifft
A bestrahlte Fläche

P

Bestrahlung

$$H_e = \int E_e(t)\, dt$$

E_e Bestrahlungsstärke

49   Visuelle Bewertung der Strahlung, lichttechnische Größen

Lichtstrom

$$\phi_{\mathrm{v}} = K_m \int\limits_{380\,\mathrm{nm}}^{780\,\mathrm{nm}} \phi_{\mathrm{e}\lambda} V(\lambda)\, \mathrm{d}\lambda$$

$\phi_{\mathrm{e}\lambda}$ Strahlungsfluß bei der Wellenlänge λ im Wellenlängen-intervall $\mathrm{d}\lambda$, bezogen auf dieses Wellenlängenintervall

$V(\lambda)$ spektrale Hellempfindlichkeit des menschlichen Auges gemäß der international vereinbarten Kurve, gemittelt über zahlreiche Versuchspersonen

K_m Maximalwert des photometrischen Strahlungsäquivalents; $K_m = 683\,\mathrm{lm} \cdot \mathrm{W}^{-1}$

Kurven der spektralen Hellempfindlichkeit des menschlichen Auges:

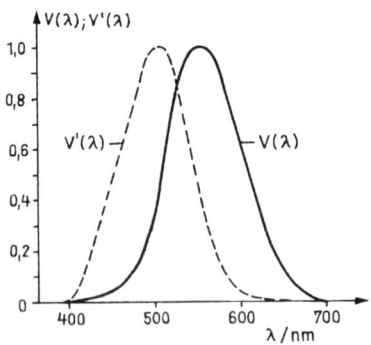

$V(\lambda)$ wenn Auge hell adaptiert
$V'(\lambda)$ wenn Auge auf Dämmerungssehen eingestellt

Vergleich der visuellen mit den energetischen Größen

Lichtstärke	I_v	Strahlstärke	I_e
Leuchtdichte	L_v	Strahldichte	L_e
Lichtstrom	ϕ_v	Strahlungsfluß	ϕ_e
Lichtmenge	Q_v	Strahlungsenergie	Q_e
spezifische Lichtausstrahlung	M_v	Strahlungsflußdichte, spezifische Ausstrahlung	M_e
Beleuchtungsstärke	E_v	Bestrahlungsstärke	E_e
Belichtung	H_v	Bestrahlung	H_e

v   Index für die visuelle Bewertung des Lichtes (physiologische, photometrische, lichttechnische Größen)
e   Index für energiebezogene Größen, die objektiv meßbar sind

50   Zusammenhang zwischen Temperatur und Strahlung

Plancksches Strahlungsgesetz (streng gültig für schwarze Strahler)

$$M_{e\lambda} = \frac{\mathrm{d}M_e}{\mathrm{d}\lambda} = \frac{2hc^2}{\lambda^5} \frac{1}{e^{hc/(\lambda kT)} - 1}$$

$M_{e\lambda}$ spezifische Ausstrahlung bei der Wellenlänge λ im Wellenlängenintervall $\mathrm{d}\lambda$, bezogen auf dieses Wellenlängenintervall
2   Faktor gilt für unpolarisierte Strahlung; bei polarisierter Strahlung; ist er durch 1 zu ersetzen.
h Plancksches Wirkungsquantum
c Vakuum-Lichtgeschwindigkeit
λ Wellenlänge
k Boltzmann-Konstante
T absolute Temperatur

P

Aus dem Planckschen Strahlungsgesetz können gefolgert werden: das Wiensche Verschiebungsgesetz und das Stefan-Boltzmannsche Strahlungsgesetz.

Wiensches Verschiebungsgesetz

$$\lambda_{\max} T = \text{const} = b$$

$\lambda_{\max}$ Wellenlänge, bei der die spezifische Ausstrahlung des schwarzen Körpers maximal ist

T absolute Temperatur des schwarzen Körpers

b Konstante des Wienschen Verschiebungsgesetzes;
$$b = \frac{hc}{4{,}9651k}$$

h Plancksches Wirkungsquantum

c Vakuum-Lichtgeschwindigkeit

k Boltzmann-Konstante

Stefan-Boltzmannsches Gesetz

$$M_e = \sigma T^4$$

M_e gesamte (über alle Wellenlängen integrierte) spezifische Ausstrahlung des schwarzen Körpers

T absolute Temperatur des schwarzen Körpers

σ Konstante des Stefan-Boltzmannschen Gesetzes;
$$\sigma = \frac{2\pi^5 k^4}{15 c^2 h^3}$$

k Boltzmann-Konstante

c Vakuum-Lichtgeschwindigkeit

h Plancksches Wirkungsquantum

STRUKTUR DER MATERIE

51 Welle-Teilchen-Dualismus

Plancksche Beziehung

$$E = hf$$

E Energie eines Photons (Lichtquant, Teilchen mit der Ruhmasse $m_0 = 0$)
f Frequenz des Lichtes
h Plancksches Wirkungsquantum

Die Plancksche Beziehung verknüpft die Energie E eines Photons (Teilcheneigenschaft) mit seiner Frequenz (Welleneigenschaft)

De-Broglie-Beziehung

$$p = \frac{h}{\lambda}$$

p Impuls
λ Wellenlänge
h Plancksches Wirkungsquantum

Diese Beziehung für den Impuls eines Photons gilt auch für alle Teilchen (im Prinzip für alle Körper) mit endlicher Ruhmasse $m_0 > 0$.

Einsteinsche lichtelektrische Gleichung

$$hf = \frac{m_e}{2} v^2 + W_a$$

h Plancksches Wirkungsquantum
f Frequenz des Lichtes
m_e Elektronenmasse

S

v Elektronengeschwindigkeit
W_a Austrittsarbeit des Elektrons

Durch das Lichtquant hf wird ein Elektron aus einem Metall be-freit. Es hat danach die kinetische Energie $\frac{m_e}{2}v^2$. Voraussetzung: $hf > W_a$

Compton-Effekt

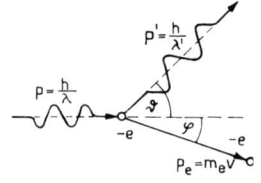

$$\Delta\lambda = \lambda' - \lambda = \lambda_C(1 - \cos\vartheta)$$

λ Wellenlänge der Röntgenstrahlung
       vor dem Stoß
λ' Wellenlänge der Röntgenstrahlung nach dem Stoß
ϑ Streuwinkel des Röntgenquants
λ_C Compton-Wellenlänge, universelle Naturkonstante; $\lambda_C = \dfrac{h}{m_e c}$
m_e Elektronenmasse
φ Streuwinkel des Elektrons
e Elementarladung
c Lichtgeschwindigkeit
h Plancksches Wirkungsquantum
v Geschwindigkeit des Elektrons
p Impuls

Beim Stoß eines Röntgenquants auf ein ruhendes freies bzw. schwach gebundenes Elektron wird das Röntgenquant um den Winkel ϑ gestreut, wobei sich seine Wellenlänge um $\Delta\lambda$ ändert. Beim Compton-Effekt gelten Energie- und Impulssatz.

Heisenbergsche Unbestimmtheitsrelation

$$\Delta x \Delta p_x \geq \frac{\hbar}{2} \qquad \hbar = \frac{h}{2\pi}$$

Δx Unbestimmtheit des Ortes

Δp_x Unbestimmtheit des Impulses eines Mikroteilchens
h Plancksches Wirkungsquantum

Ort x und Impuls p_x eines Mikroteilchens lassen sich grundsätzlich nicht gleichzeitig exakt bestimmen. Je genauer der Ort, desto ungenauer ist der Impuls bestimmbar – und umgekehrt.

52   Atomhülle

Energie der Lichtquanten

$$hf = E_{n_2} - E_{n_1}$$

h Plancksches Wirkungsquantum
f Frequenz des emittierten bzw. absorbierten Lichtes
E_{n_1} Energie eines Elektrons im Zustand *1*
E_{n_2} Energie eines Elektrons im Zustand *2*

Den diskreten Elektronenbahnen (nach Bohr) entsprechen diskrete Energieniveaus E_n. Beim Übergang eines Elektrons von einer Bahn zu einer anderen wird ein Lichtquant der Frequenz f emittiert oder absorbiert.

Bohrscher Elektronenbahnradius

$$r_n = \frac{\varepsilon_0 h^2}{\pi m_e e^2 Z} n^2$$

Energieterme

$$E_n = -\frac{RhZ^2}{n^2}$$

Rydberg-Frequenz

$$R = \frac{m_e e^4}{8 \varepsilon_0^2 h^3}$$

S

ε_0　　elektrische Feldkonstante
h　　Plancksches Wirkungsquantum
m_e　　Elektronenmasse (Ruhmasse)
e　　Elementarladung
Z　　Kernladungszahl
n　　Hauptquantenzahl

Bohrsches Magneton

$$\mu_B = \frac{e}{2m_e}\hbar$$

e　　Elementarladung
m_e　　Elektronenmasse
$\hbar$　　Drehimpuls eines umlaufenden Elektrons; $\hbar = h/2\pi$
h　　Plancksches Wirkungsquantum
μ_B　　magnetisches Moment eines umlaufenden Elektrons; ein umlaufendes Elektron stellt einen Kreisstrom dar; es strahlt dabei keine Energie ab (Bohrsches Postulat).

Besetzungsfolge im Periodensystem

1 s, 2 s, 2 p, 3 s, 3 p, 4 s, 3 d, 4 p, 5 s, 4 d, 5 p, 6 s, erstes 5 d-Elektron, 4 f, übrige 5 d-Elektronen, 6 p, 7 s, erstes 6 d-Elektron, 5 f

Die Zahl gibt jeweils die Hauptquantenzahl an, der Buchstabe steht für die Bahndrehimpulsquantenzahl (s für $l = 0$, p für $l = 1$, d für $l = 2$, f für $l = 3$).
Die Besetzungsfolge ergibt sich daraus, daß der Zustand niedrigster Energie zuerst besetzt wird (Stabilitätsprinzip).

Moseleysches Gesetz

$$f = R(Z - b_1)^2 \left(\frac{1}{n_1^2} - \frac{1}{n_2^2} \right)$$

f　　Frequenz der Röntgenstrahlung

Z	Kernladungszahl des Atoms
b_1	eine Abschirmkonstante
n	Hauptquantenzahlen
R	Rydberg-Konstante

Die Röntgenstrahlung entsteht durch Übergänge von Elektronen in tieferliegende Niveaus, die normalerweise voll besetzt sind. Deshalb müssen dort zuvor Elektronen entfernt werden, z. B. durch Stöße energiereicher Elektronen, die von außen kommen.

53   Quantenmechanik

Schrödinger-Gleichung

$$\frac{\hbar}{\mathrm{i}}\frac{\partial\psi}{\partial t} = -\frac{\hbar^2}{2m}\frac{\partial^2\psi}{\partial x^2} + E_p\psi$$

Dies ist die zeitabhängige Schrödinger-Gleichung. Daraus geht für stationäre Bahnen des Teilchens die zeitunabhängige Schrödinger-Gleichung hervor:

$$\frac{\mathrm{d}^2\psi_x}{\mathrm{d}x^2} = -\frac{2m}{\hbar^2}[E - E_p(x)]\psi_x$$

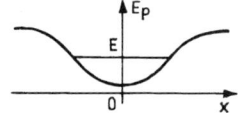

$\hbar$	Konstante; $\hbar = \dfrac{h}{2\pi}$
h	Plancksches Wirkungsquantum
i	imaginäre Einheit; $\mathrm{i}^2 = -1$
ψ	Wellenfunktion; $\psi = \psi(x,t)$
ψ_x	Wellenfunktion, die nur von x abhängt; $\psi_x = \psi(x)$
m	Teilchenmasse
x	Ortskoordinate des Teilchens
E	Gesamtenergie des Teilchens
E_p	potentielle Energie des Teilchens

S

Normierungsbedingung:

$$\int_{-\infty}^{+\infty} \psi^2(x)\mathrm{d}x = 1$$

Die Wellenfunktion $\psi(x)$ ist – wie auch die Wellenfunktion $\psi(x,t)$ – keine meßbare physikalische Größe, aber ihr Quadrat ist ein Maß für die Wahrscheinlichkeit $\mathrm{d}w$, das Teilchen im Bereich $\mathrm{d}x$ anzutreffen. Es gilt

$$\mathrm{d}w = \psi^2(x)\mathrm{d}x$$

Die Wahrscheinlichkeit für den Aufenthalt des Teilchens im ganzen verfügbaren Raum ist mit 1 festgelegt.

Kastenpotential:

$$E_p(x) = 0 \qquad -x_0 < x < x_0$$

$$E_p(x) = U \qquad x \leq -x_0; \quad x \geq x_0$$

Eigenwertgleichungen für die Energie von Teilchen im Kastenpotential:

$$\tan\varphi = \sqrt{\left(\frac{a}{\varphi}\right)^2 - 1} \quad \text{(symmetrisch)},$$

$$-\cot\varphi = \sqrt{\left(\frac{a}{\varphi}\right)^2 - 1} \quad \text{(antisymmetrisch)}$$

$$\text{mit} \quad \varphi = \frac{\sqrt{2mE}}{\hbar}x_0 \quad \text{und} \quad a = \frac{\sqrt{2mU}}{\hbar}x_0$$

Die Lösungen der Eigenwertgleichungen lassen sich am einfachsten grafisch auffinden.

$$\text{Anzahl der Eigenwerte} \quad N = \text{int}\frac{2a}{\pi} + 1$$

N endliche Anzahl von Eigenwerten φ_n

Diese Gleichungen für das Kastenpotential können als grobe Näherung für wirklich auftretende Potentialverläufe verwendet werden.

54   Atomkern

Massenzahl und Nukleonenzahl

$$A = Z + N$$

A Massenzahl
Z Kernladungszahl (Protonenzahl)
N Neutronenzahl

Protonen und Neutronen werden als Nukleonen bezeichnet. Die Masse eines Protons unterscheidet sich nur wenig von der eines Neutrons.

Kernradius

$$r_K = r_0 \sqrt[3]{A}$$

A Massenzahl
r_0 Nukleonenradius

Schreibweise für Nuklide (Atomarten)

$$_Z^A X$$

S

X   Bezeichnung des Elements
A Massenzahl
Z Kernladungszahl

Atommasse

$$m_A = m_K + Z m_e$$

m_A Atommasse
m_K Kernmasse
m_e Elektronenmasse
Z Anzahl der Elektronen (Kernladungszahl)

Atommassenkonstante

$$m_u = \frac{1}{12} m_A(^{12}_6C)$$

$m_A(^{12}_6C)$ Ruhmasse eines Atoms des Nuklids $(^{12}_6C)$

Relative Atommasse

$$A_r = \frac{m_A}{m_u}$$

A_r relative Atommasse
m_A absolute Masse des betreffenden Atoms (Ruhmasse)
m_u Atommassenkonstante

Massendefekt

$$\Delta m = Z m_p + N m_n - m_K > 0$$

m_p Ruhmasse eines Protons
m_n Ruhmasse eines Neutrons
m_K Ruhmasse des Kerns
Z Kernladungszahl (Protonenzahl)

N Neutronenzahl

Δm Massendefekt; Differenz zwischen der Gesamtruhmasse der einzelnen Nukleonen und der Ruhmassse des von ihnen gebildeten Kerns; Δm ist stets positiv.

Die Masse des Kerns ist um den Massendefekt Δm kleiner als die Summe der Massen seiner einzelnen Nukleonen.

Bindungsenergie

(gemäß Einsteinscher Masse-Energie-Äquivalenz)

$$E_{\mathrm{B}} = -\Delta m\, c^2$$

E_{B} Bindungsenergie
Δm Massendefekt
c Lichtgeschwindigkeit im Vakuum

Die Energie des Kern liegt um die Bindungsenergie E_{B} tiefer als die Summe der Energien der einzelnen Nukleonen. Der Energiebetrag E_{B} muß dem Kern zugeführt werden, um ihn in seine Nukleonen zu zerlegen.

Aktivität

$$A = -\frac{\mathrm{d}N}{\mathrm{d}t} = \lambda N$$

N Anzahl der vorhandenen Kerne zur Zeit t
$\mathrm{d}N$ Änderung der Anzahl der Kerne im Zeitelement
        $\mathrm{d}t$ ($\mathrm{d}N < 0$, Zerfall von Kernen)
λ Zerfallskonstante

Umwandlungsgesetz

$$N = N_0 \mathrm{e}^{-\lambda t}$$

$$T_{1/2} = \frac{\ln 2}{\lambda}$$

S

N_0 Anzahl der Kerne zur Zeit $t = 0$
N Anzahl der vorhandenen Kerne zur Zeit t
λ Zerfallskonstante
$T_{1/2}$ Halbwertszeit

Kernreaktionen

Reaktionsgleichung

$$\prescript{A_1}{Z_1}{X}(\varepsilon, v)\prescript{A_2}{Z_2}{X}$$

ε Teilchen, die in den Kern eindringen
v Teilchen, die den Kern verlassen
X Bezeichnung des Elements
A_1 Massenzahl vor der Reaktion
Z_1 Kernladungszahl vor der Reaktion
A_2 Massenzahl nach der Reaktion
Z_2 Kernladungszahl nach der Reaktion

Reaktionsenergie

$$E = -\Delta m_0 c^2$$

Δm_0 Ruhmassenänderung der Teilchen; $\Delta m_0 = \Sigma m_{02} - \Sigma m_{01}$
m_{01} Ruhmassen der beteiligten Teilchen vor der Reaktion
m_{02} Ruhmassen der beteiligten Teilchen nach der Reaktion

Exotherme Reaktion (Energie wird frei): $\Delta m_0 < 0$; $E > 0$
Endotherme Reaktion (Energie muß zugeführt werden): $\Delta m_0 > 0$;
$E < 0$.

55   Dosimetrie

Energiedosis

$$D = \frac{\Delta E_D}{\Delta m} \qquad \Delta m = \varrho \, \Delta V$$

ΔE_D Energie, die durch ionisierende Strahlungen auf das Material im Volumenelement ΔV übertragen wird

Δm Masse des Materials im Volumenelement ΔV

ϱ Dichte des Materials in ΔV

Dosisleistung

$$\dot{D} = \frac{\mathrm{d}D}{\mathrm{d}t}$$

Die Energiedosis ΔE_D ist die Differenz aus den Summen der Energien aller Teilchen und Quanten des Strahlungsfeldes, die in ΔV eingetreten sind, und denen, die ΔV wieder verlassen haben, abzüglich des Energieäquivalents einer Ruhmassenzunahme, die durch Wechselwirkung in ΔV bewirkt wird.

Äquivalentdosis

zur Charakterisierung der biologischen Wirkung ionisierender Strahlung

$$\boxed{H = QD}$$

Q Qualitätsfaktor; Zahlenfaktor, der von der Strahlungsart abhängt, dessen Werte durch Erfahrung und Übereinkunft festgelegt sind:

für Photonen, Elektronen, Positronen $Q = 1$

für Neutronen, Protonen und einfach geladene Teilchen mit Ruhmasse größer als die Atommassenkonstante $Q = 10$

für α-Teilchen und mehrfach geladene Teilchen $Q = 20$

Grenzwerte der Äquivalentdosis sind für verschiedene Personengruppen und für verschiedene Bereiche der Umwelt gesetzlich festgelegt.

Die gesamte Strahlenbelastung des Menschen (natürlicher und zivilisatorischer Anteil) ist derzeit im Mittel ca. 3 mSv pro Jahr.

Energiedosis und Äquivalentdosis können für die Personendo-

S

simetrie, für die klinische Dosimetrie und für die Umgebungsdosimetrie nicht direkt gemessen werden. Sie werden deshalb indirekt ermittelt. Hierfür gibt es verschiedene Dosimeter, in denen Strahlungsreaktionen unterschiedlicher Wirkung ausgenutzt werden.

Ionendosis

$$J = \frac{\Delta Q}{\Delta m}$$

ΔQ elektrische Ladung der Ionen eines Vorzeichens, die durch Strahlung in Luft vom Volumen ΔV direkt oder indirekt erzeugt werden

Δm Masse der Luft im Volumen ΔV

Ionendosis und die speziell in Luft gemessene Energiedosis sind gleichwertige Meßgrößen für den gleichen physikalischen Sachverhalt;

es gilt:

$$D_{\text{Luft}} = J \cdot \frac{W_{\text{Luft}}}{e}$$

D_{Luft} Energiedosis für Luft

J Ionendosis

W_{Luft} W-Wert für Luft; $W_{\text{Luft}} = 34$ eV

W-Wert   mittlere Energie zur Erzeugung eines Ionenpaares in einem Gas durch ein geladenes Teilchen

e Elementarladung

REGISTER

R

R